聪明女人零伤害秘笈

陶也 编著

金盾出版

内容提要

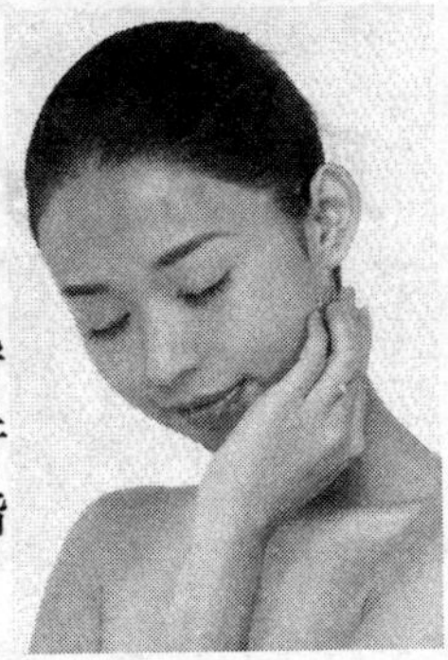

本书着重介绍女性防范伤害的知识，引导女性加强自身防范意识，避免外界的侵害，并举例分析了诈骗、抢劫等案例和解决办法，指导女性学会自我保护，是女性朋友的枕边书。

图书在版编目(CIP)数据

聪明女人零伤害秘笈/陶也编著．-- 北京：金盾出版社，2012.6
ISBN 978-7-5082-7549-9

Ⅰ.①聪…　Ⅱ.①陶…　Ⅲ.①女性—人生哲学—通俗读物
Ⅳ.①B821-49

中国版本图书馆 CIP 数据核字(2012)第 083540 号

金盾出版社出版、总发行
北京太平路 5 号(地铁万寿路站往南)
邮政编码:100036　电话:68214039　83219215
传真:68276683　网址:www.jdcbs.cn
封面印刷:北京精美彩色印刷有限公司
正文印刷:北京万博诚印刷有限公司
装订:北京万博诚印刷有限公司
各地新华书店经销

开本:850×1168 1/32　印张:5.5　字数:125 千字
2012 年 6 月第 1 版第 1 次印刷
印数:1～8 000 册　定价:11.00 元

目 录

第一章　家里并非绝对安全

第二章　独自在外,不给坏人可乘之机

第三章　有时候,伤害全由自己制造

第四章　帮你识破坏人的诡计

第五章　网恋,梦里花落知多少

第六章　剩女,别为“情”字所困

目录

第十章　单身女人必须学会化险为夷

附：受益一生的《59 条女性安全暖心建议》

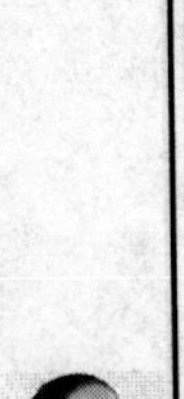

第一章 家里并非绝对安全

在我们的记忆里，家是父母为我们打造的温暖港湾。在父母臂膀的保护下，没有闪失，没有伤害。随着时间的流逝，我们的羽翼丰满了，我们飞出了那个港湾，去外面寻找自己的天空。

于是，我们学会了照顾自己，学会了一个人生活。我们习惯了外面的奔波，开始把自己容身的地方称作家，只是这个称作“家”的地方，让我们少了一丝安全感，再也不能享受那种彻底的放松……

选好合租伙伴，小心引狼入室

当我一无所有的混迹于这个城市中，看着别人光鲜生活的时候，我真想不明白自己为什么选择在这个城市生存。然而，每当想起十几年的寒窗苦读，想起父母的辛勤培养，想起埋在心底的最初的梦想时，我又义无反顾地加入到忙碌的人群当中。

初入社会的日子，为了不再向父母伸手要钱，为了将生活成本降到最低，我和一个要好的同学，决定与人合租一个两居室。

那段时间，我们疯狂地看房，每天与不同的中介辗转于大小街道之间。然而，所看的房子，不是房价太贵，就是条件太差。一天，当我们失望地结束一天的奔波时，恰巧碰上了另外两个年轻小伙子。交谈中得知，原来他们也是来这栋楼看房的，房子还不错，只是房主要求整租出去，他们担心找不到合租的伙伴，犹豫着要不要租下来。知道我们也是找房子的以后，索性带我们过去看看，并且说，如果我们能相中房子，希望与我们合租。

尽管我和同学知道与异性合租有诸多不便，还不安全，但是在那种困顿的情况下，已经没有心思去理会这些。我们商量，如果房子好，价钱公道，就忍一忍，就跟他们合租。房子确实像两个小伙子说的那样，很新，价钱还合理。我跟同学当即做了租的决定。也就是从那一刻起，我们开始了痛苦的合租生涯。

第一次见面，感觉两个男孩还挺有涵养的。可后来发现他们是典型的表里不一的人，外表很干净，私下里其实很邋遢。吃了饭不收拾碗筷，不擦桌子，烟灰满桌满地，不关灯就出去，甚至有的时候还不冲厕所。总之不收拾垃圾不说，还制造垃圾！

刚开始，我和同学一直忍着没说什么，只是默默地将屋里打扫干净。我还专门做了一些图片，标上“请随手把垃圾扔了吧”“记得锁门、关灯、关气”“饭后请收拾干净”“便后冲冲，请讲卫生”等等字眼儿贴在各个地方，以为他们看到提示会注意的，但事实并非如此。他们不仅没有改变，反而变本加厉，经常带很多朋友回来胡吃海喝。每次我跟同学下班回来，总是看到烟雾缭绕、一片狼藉的家。

这样的日子折磨着我们的神经，我们盘算着早点搬出去。我同学的男朋友见她租房如此不顺利，干脆让她搬到自己那里住，我只得自己想办法解决住的问题。

同事知道了我的遭遇后，开始帮我留意这方面的信息。一天，同事小芳告诉我，我们公司另一个部门的一个男孩想在单位找一个同事合租。那个男孩儿我以前也见过，文质彬彬的，给人的印象不错。尽管有过一次与人合租的尴尬，但是毕竟这次是同事，大家知根知底的应该不会出现什么问题吧。于是，我找到那个同事，问了问情况，事情就这样定了下来。

我们找了一套两居室，一人住一间。一开始，相处得还挺和谐。虽然是男孩子，但是他很爱干净，这一点很合我的心意。于是，我做饭的时候，偶尔也叫上他一起吃。就这样，平安无事的

过了几个月。

自从进入夏季，天气热了起来。北京闷热的夏天着实让人受不了，不开空调很难入睡。由于他的房间没有空调，他竟然提出到我的房间住，这个提议让我极其恼火，但是出于这种同事关系，我只是委婉地拒绝了。谁知他还是不死心，有一天晚上竟然偷偷跑到我房间里，还对我动手动脚，终于，我忍不住发作了，把他骂得狗血淋头。

遇到这样的事情，满肚子的委屈却无从诉说。在公司里，他一直是一副正人君子的模样，如果我揭露他的所作所为，别人也许根本不会相信，甚至还会以为是我的问题。但是就这样下去，我又不放心，如果一时有个疏忽，后果真是不堪设想。斟酌再三，我决定找个好朋友来跟我合住，哪怕不要她的房租，我也愿意。

几次租房经历，让我很受伤。尽管没有造成什么重大损失，但是我的精神上受到了很大的伤害。我更加迫切地想拥有自己的房子，给自己打造一个安全的空间，但是对于“北漂”的我来说，只是一个可望而不可即的梦。我还是要靠租别人的房子来生存，继续忍受租房的日子。

【闺房私语】

第一，不与异性合租。

与异性合租不仅会听到很多闲言闲语，而且还存在很多安全隐患。另外，男孩子的卫生习惯，实在是不敢恭维，当然也有喜欢干净的，但这样的男孩子很少，就算是有，你也不一定能遇上，与其事后后悔，不如干脆就不找异性合租。

第二，要有保护意识。

如果你已经与异性合租了，那么我建议你，一定要有很好的自制力。不要穿着太随便、性感的衣服出入于客厅等公共地方。如果你不想和对方谈恋爱，一定要保持安全的距离，特别是晚上一定要把门锁好。尽管门不一定能锁住一个色狼，但是，最起码表明了你的态度。你可以把和你一起住的人当作家人，但是一定要有保护意识，应该适当地做些应变准备，比如经常带朋友过来看看，让朋友知道你跟什么样的人合租。如果因为住在一起而产生爱情呢，也应尽早说明避免不必要的矛盾。第三，合租前一定要立下君子协议，避免以后的口舌争端。

合租前，最好签订书面协议，内容包括房租如何分摊、空间如何占用、卫生由谁负责、餐饮问题、客人的来访及留宿，能否养宠物，甚至什么时间应保持安静这些问题也可以提出来，总之越详细越好。对待合租的问题上，一定要本着先小人后君子的原则。把事情提前说清楚，遇到事情不要太计较，这样相处起来，才不至于令双方陷入尴尬。

为自己打造 360°安全空间

毕业后，很多同学也跟我一样，成了“北漂”。异地生存，住宿成了首要问题。排除那些在北京有亲戚的同学，大多数都选择租房。

李君是我们当中工作确定最早的一个，也是最先租房子的一个。由于刚毕业，手里没有多少钱，她选择了离市里较远的郊区。那里房子的确便宜，几百块钱就能租到一个单间。我跟同学们去看过李君租的房子，回来一致认为，小区太老了，门窗不结实，安全没有保障，劝她别盲目租下来，再去找找。可是，李君打定了主意，我们只有作罢。转眼就到了毕业，李君大包小包地把东西都搬到了新家，开始了新的生活。

李君是一个比较胆大的女孩儿，走夜路、一个人住，在她看来都是小菜一碟。因此，搬出宿舍、有了自己的空间，李君乐在其中。可是，过了没多久，问题就出现了。夜里，李君总是听到窸窸窣窣的脚步声，而且感觉就停在他们家门前。由于跟合租的人不是很熟，大家都是关起门来过日子，她也没好意思跟室友交流一下。

终于有一天，李君回来的时候，发现自己的门是开着的，屋里被翻得乱七八糟。回屋一检查才发现，电脑、相机等值钱的东西都不见了。她刻意去隔壁看了一下，都是一样的结果。李君当即打电话报了警，但是由于数额不是很大，案子后来不了了之。

被偷的当天，李君就给中介打了电话，要求他们把房门、窗户给加固一下，对方满口答应着，但是直到李君搬走，也没兑现诺言。李君想到了搬家，但是考虑到房子还没有到期，而自己是交了三个月的租金。如果现在搬走，中介肯定是不会退钱的。考虑到成本问题，李君还是决定住到期。

之后，李君把值钱的东西都随身带着，晚上回家也是胆战心惊。她刻意地跟隔壁的室友热络起来，这样的话，如果遇到事情相互间还有个照应，否则，真的没有勇气再住下去了。

终于熬到了房子到期，李君搬了出来。这次李君开窍了，找到一个比较熟悉的同学合租，尽管两人住一间，但是条件好了很多，再也不用担心安全问题了。

【闺房私语】

第一，尽量避免一个人住。

对于女孩儿而言，尤其是一个人，首先奉劝你找个合租的伙伴，一个人住实在是不安全，尽管生活上有了很大的方便，但是这种方便是要付出代价的。

第二，找一家比较好的中介。

不要贪图省几个钱就去找一家不正规的中介。只有选择好的中介，遇到问题时对方才能及时帮助解决。比如修个锁啊，修个门窗啊，这些是避免不了的，那些不正规的中介，收了你的钱就万事大吉了，你的任何要求都得不到满足。选择他们，简直就是自寻烦恼。而且，好的中介会比较讲信用，合同到期会按照约定退你的押金什么的，而不正规的中介就很难说了。

第三，租房子一定要考虑安全问题。

千万不要因为便宜就选择那些老旧的小区。破旧的门窗、人员混杂的院落，想想就够吓人的了，住进去说不定会发生什么事儿呢！女孩子选择住房的时候，最好选择建筑牢固的墙面，有基本的防护设施。或者是窗户外面没有可攀爬的建筑物等物体，高层是理想的居住环境，如果小区有保安或者报警系统就更好了。记住，钱不会白花的。

那些认为住的地方只要能睡觉就行的想法已经过时了。一旦发生了什么事情，后悔都来不及了。尤其是一个女孩儿，一定要把住的地方打造成一个安全的空间。只有住的舒适、安全、没有后顾之忧，才能更好地工作和生活。

天黑，请防贼

入室抢劫是只有在报纸和电视上才能看到的情节，没想到会发生在我的亲人身上。是的，就在昨天晚上，我的姐姐遭遇了她一辈子都忘不了的事情，听着她给我讲述当时的情形，我真切地体验了那种恐怖的感觉。

不久前姐姐所在的公司搬到了北四环，为了上班方便点，她和姐夫租住在人大教工宿舍，她家在 2 楼。

昨天夜里两点左右，姐姐被姐夫叫醒，姐夫说："老婆你有没有听到什么声音?"当时，姐姐睡得迷迷糊糊的，随口回了一句"没有啊"准备继续与周公约会。但是紧接着，姐夫喊了一声"嘿，干什么呢"，姐姐一下子惊醒，她意识到了事态的严重性，也应声而起"喂!"在恐惧的驱使下，她的声音特别大。

姐夫迅速关上卧室的门并反锁，接着他让姐姐穿上衣服，防止一会儿有什么意外出现。姐姐走到阳台把窗户打开，她想，要是歹徒不要命地闯进来，她跟姐夫可以从窗户逃走，避免受到人身伤害。想到已经为自己准备了一条后路，二人很快冷静下来，姐夫走到阳台上喊保安，姐姐开始打 110。

然而，这个从小被我们熟记的救命电话号码，这个被我们奉为保护伞的 110，竟然在姐姐最需要它的时候，没有任何回应。姐姐拨打了很多次 110，每次都是在电话接通后进入语音系统，"这里是 110 报警台"，然后持续 44 秒之后自动挂断，没有人应答。

在一次次失望中，一个念头闪现在姐姐的脑海里。她走到卧室门口隔着门大声说："喂喂，110 啊，我要报警……嗯，对。我这里有人入室盗窃，目前盗贼还在室内，嗯嗯，是的，请马上过来吧""我的具体地址啊，就在人大教工宿舍，X 楼，X 单元，

对对对，就在图书馆后面，好，大概需要多长时间赶到，嗯，好，你们马上赶到是吧，我明白，谢谢你们”。

在外人听来，姐姐是在与警察通电话，其实这一切都是她在自言自语。她走到阳台小声对姐夫说：“其实，我压根没打通110，刚才是诈一下歹徒。”尽管不知道当时歹徒还在不在，但是他们料想歹徒听了姐姐的话以后，怎么不至于继续铤而走险，他们总算是松了一口气。

就这样大概过了将近20分钟，姐姐、姐夫听着好像没有动静了，估计歹徒听了诈报警已经逃走了。但又不能大意，他们彼此小声会意了歹徒可能藏身的地方，然后姐夫抄着凳子，姐姐在阳台上找了一个木头衣架，两个人迅速打开门，朝着外面走去。走到客厅，没有动静，他们又走进厨房，发现厨房的窗户开着，看来盗贼应该是从厨房窗户进来的。姐夫的笔记本电脑和姐姐的一个真皮手提包放在地上。笔记本电脑本来是在卧室的桌子上的，盗贼居然从卧室明目张胆地取走了笔记本电脑。

尽管已经不知盗贼去向，但鉴于事态的危害性，姐夫又一次拨通了110，3个警察10钟之内赶到了，看到他们手中的枪，姐姐的心里踏实多了。小区保安随后也过来了，过了1个多小时，刑警来了，现场取了指纹，拍照，询问了事情发生的经过，一次惊心动魄的经历就这样过去了。

【闺房私语】

第一，晚上务必要关好门窗。

据统计，夏天入室抢劫案的发生几率要比冬天高得多，这与天气不无关系。入夏天气闷热，很多人贪凉，晚上喜欢开着窗户睡觉，盗贼就是这样乘虚而入的。作为单身女性，为了安全，即使再热也不能开窗睡觉。不要以为入室抢劫的事情离你很遥远，其实盗贼就在你身边。

第二，遇到入室盗贼，尽量不要与其搏斗。

既然敢入室盗窃，一般都是有备而来。大多数盗贼都是持刀入室的，前不久颐和山庄一个保姆因为发现盗贼入室而被刺死。要记住，我们的生命远远比我们的财产贵重，遇到危险，我们首先要自保，比如我们要迅速关上并反锁卧室门，而不是急于求证歹徒是否被吓走，或者与歹徒发生正面冲突。

第三，遇到事情不要惊惶，要用智慧吓退歹徒。

姐姐和姐夫能够安全脱险，可以说姐姐的假报警起了很大的作用。我们在遇到事情的时候，一定不能慌。人只有在保持头脑冷静的时候，才能想出应对之策。记得曾在报道中看到这样一则新闻：一个女孩儿独自在家，遭遇了入室抢劫。歹徒已经走到了卧室门口，女孩儿来不及反锁卧室门自保，危急时刻，女孩儿装着男人的声音吼道：“兄弟们，快起来，好像来‘客人’了！‘不知底细的歹徒哪敢铤而走险，灰溜溜地逃走了。这个女孩儿的表现着实让人称奇，从中我们也应该得出一个结论：对付坏人，只可智取，不可强攻。

第四，记住自己被管辖区域的派出所电话。

知道内情的人告诉我，110 的系统是从总局到分局分层下达的，偶尔 110 系统也会出问题，就像姐姐之前无法到达人工接听的情形，或者 110 非常繁忙无法及时接听。因此，应该记得自己被管辖派出所的电话，直接拨打派出所的电话是最快最好的方式。

第五，尽量不要破坏案发现场，然后报警。

不论我们的钱物有没有丢失，都应该及时跟派出所取得联系。也许潜入你家的是一个惯犯，保护好现场就为警察破案提供了线索。只有人人都有这样的防范知识，才能让盗贼无处遁形。

小心陌生人来敲门

洛洛是一个独居的大龄单身女子。有很多像她这样年龄的女人，都坚持与人合住，她们怕自己生病的时候没人照顾，更怕一个人在家会出现危险，但是洛洛不会。她一直认为，真正的成年人应该有自己的生活，有自己的空间，她很享受一个人住的感觉。

经常有朋友提醒她，一个人住要注意安全，还举出很多实际例子，来证明自己的论断。比如一个住在芍药居的单身女士，某日家中突然断电，不过她看到窗户外别人家里都有电，以为是自家电表出了问题，于是出门查看自家电表箱。结果，刚一打开门就被刀子顶住，原来她遇到了持刀入室抢劫。听到这样的案例，洛洛还是一副不以为然的样子，她总以为自己遇到这种事的可能性几乎为零，于是，继续过着自在逍遥的日子。

一日，洛洛在家休息。上午 11 点左右，门外响起了敲门声。

打开门一看，隔着门的是一束新鲜的玫瑰花，鲜花的后面站着一个男子。对方称，自己是某某花店的，有人委托自己来给她送花。当时，洛洛用脑子快速地过了一遍与她有交往的人，心想可能是最近参加聚会认识的一个男孩。由于当时沉浸在收到花的喜悦中，没有多想，就开了门。

洛洛没想到，这竟是一个圈套。当她打开门的一刹那，送花的男子就把门控制住，随后有另外两名男子跟着一起冲了进来，手持匕首让她不要声张。就这样，她被 3 人用透明胶捆绑了起来，并固定在客厅的凳子上。

随后三人开始从里到外的翻找财物。先是卧室里的一个笔记本电脑和手机，接着是客厅沙发上手提包里的手机还有现金若干，接着是抽屉里的存折……直到他们感觉抢走的东西够本时，才想起客厅里的洛洛。他们不是想到被绑的洛洛有多难受，而是向她索要银行卡的密码。为防止洛洛报警，三人还扒光了她的衣服拍下裸照，威胁她说，只要她报案，他们就将照片发布到网上。在得到洛洛不会报案的承诺后，三人才离开了。

经过一个多小时的挣扎，洛洛终于弄开了胶布，用家里的固定电话报了警。

至今，洛洛还生活在被绑的阴影中，她现在很怕一个人待在屋子里，更怕突然想起的门铃声。她开始考虑和朋友合住，也许只有这样才能让她从上一次的伤害中摆脱出来。

【闺房私语】

第一，看穿坏人的谎言。

如果一个人在家，有人以送花等理由要你开门的时候，一定要慎之又慎。正常情况下，花店的人来送花，首先会确认一下客户的姓名，如果确定自己没弄错，才会把花交出去，如果对方根本不管你是谁，只想让你快点开门，这一定是坏人的圈套。

第二，在外不要透漏自己的家庭住址等信息。

如今的不法分子，总是绞尽脑汁地套出你的个人信息，然后伺机对你下手。因此，如果遇到填资料送礼品等活动时，一定不要贪小便宜。另外，不要把不了解的人带到自己的住处，有了这个前提，如果有人莫名其妙地给你送花什么的，你不会相信了吧？

第三，不要给陌生人开门。

如果遇到送花、送外卖等情况，让对方把东西放在门口，等到确定没有其他人，或者确定自己安全的情况下，再把东西拿进来。

第四，尽量与熟人同住。

一个人住，确实有了足够大的私人空间，但是，也潜在地增加了很多危险。而有个伴儿总是好的，不仅有个人分担房租，还不至于寂寞和无聊。平时可能体会不到，遇到事情才知道，两个人确实比一个人强。

第五，了解骗子的骗术。

骗子的骗术简直无所不及。他们有很多办法让你开门，比如以抄水表、修理电器、擦洗油烟机、找人、推销商品为名；也有冒充送快递的，手里拿个 EMS 的文件袋，让主人出来签名；或者自称是物业管理人员，说房主家的卫生间漏水，把楼下住户给淹了，要进去维修；更有甚者会冒充警察来让房主开门。

无论骗子怎么狡猾，只要你不开门，他就没法实施下一步的计划。有时候，一扇门是可以隔开善、恶的。

保管好你的钥匙

我的朋友孙艳是个马虎的人，平时不是忘这，就是忘那。小的时候她给爸爸去买酒，出门的时候手里还拿着钱，到了商店钱就不见了，原来走着走着，忘了手里有东西了，全丢在了路上。

长大后，大大咧咧的个性仍然没有改变，不是丢了钱，就是丢了钥匙，用他妈妈的话说“就差把自己丢了”。

以前在家的时候，什么事情还有爸妈想着，但自从来外地工作以后，什么事情就只能指望自己了。为了防止丢三落四，孙艳特意准备了一个能挂钥匙、门禁卡之类的脖绳，把平时常用的东西都挂在脖子上。

一天下班走出公司的时候，孙艳感觉脖子上空空的，她以为自己那堆宝贝落在办公室了，赶紧回去找。可是，翻了半天也不见踪影。于是，孙艳又以为落在家里了，赶紧往回赶。

可是到家以后傻眼了，门虚掩着，屋里乱七八糟的，跟遭了抢劫一样。她赶紧冲进屋里，检查自己的贵重物品，结果一样没剩。看来是遇到小偷了，意外地，她在地上发现了自己的钥匙。她暗自在心里纳闷，平时钥匙都是放在桌子上的，今天怎么在地上，再说，早上出门的时候明明带了钥匙出门啊？

忽然孙艳想起，自己早上确实带钥匙出门了，由于赶着上班，稀里糊涂把那串东西拿在手里。走到小区门口的时候鞋带开了，她停下来系鞋带，由于手里有钥匙不方便，顺便把钥匙放在了地上，一定是那个时候忘记拿钥匙了。而钥匙上有单位的门禁卡，门禁卡上有自己的照片。经常出入小区的人捡到钥匙，不难通过照片找到她家门口，进而打开她的门，看来都是自己疏忽惹的祸。

【闺房私语】

第一，不要将钥匙与能证明身份的证件放在一起。

如果只丢一串钥匙，后果还不至于那么严重。即使有人捡到也不知道是谁家的钥匙，更不知道这钥匙能打开那扇门。如果证件和钥匙在一起，就麻烦了。

第二，配一把备用钥匙。

很多人会担心钥匙丢失，进不去家门。这个时候可以配一把放在办公室，以备钥匙落在家里或丢失时使用。

第三，如果不慎将家门锁上，手头没有钥匙，恰巧电器或者燃气正开着，可以找附近的锁匠开锁，或者拨打110求助，让他们帮忙开锁。

第四，如果家中有人粗心大意，可以在装修房子的时候选用那种需要钥匙才能锁的门锁，以防失手将自己锁在门外。

邻居——关键时刻的救命稻草

俗话说“远亲不如近邻”。中国向来十分注重邻里关系，记得小时候，家里难得包一次饺子，大人们总要端给左邻右舍品尝一下；平时哪家遇到点儿麻烦事，邻居们会毫不犹豫地站出来帮忙。我们家门口有一棵槐树，夏天吃过晚饭邻居都会聚在大树下

乘凉，唠唠家常。

然而，不知从何时开始，那种和睦融洽的邻里关系被淡化了。尤其是在城市里，家家户户白天为生计奔忙，下班后把防盗门一关，各家过各家的小日子。再加上城市流动人口多，居住的不稳定性，使得邻居之间的关系急剧日下。人们相“邻”不相识的情形，在生活中屡见不鲜。

渐渐地，我们已经习惯了这种疏远的邻里关系。但是，最近发生的一件事，彻底改变了我的看法。上个月月中的一天，由于杂志的胶片等着下印厂，我们几个同事加班到半夜才回家。我们平时很少加班，偶尔一次加班到深夜，想起回家的路黑黢黢的，心里还真是打鼓。可是没办法，没人接，只能自己壮着胆子回家。当时在心里安慰自己，没事儿的，自己不会那么倒霉，可刚走到三楼，就出事儿了。突然有人从后面搂住我的脖子，并顺手将我手中的手机和包抢走，之后将我推倒在地便向楼下跑去。

受到惊吓的我已经不知所措，只是本能地大喊一声“救命!”，便瘫坐在地上。当时心里特别无助，我不知道在这个城市里，还有谁能来帮我。就在这时，楼梯靠左的门开了，一位男士跑了出来。我虚弱地指着楼下的方向说道：“抢劫。”那位男士了解情况后，便向下追去。这时，门里又走出了一位女士，看到我受惊吓的样子，赶紧把我扶起来，领进自己的家里。

坐了一会儿，我平静下来。想起下楼替我抓歹徒的好人，我决定下去看看怎么样了。到了楼下，发现那个抢我东西的家伙已经被制服了。原来，听到吵闹声，邻居们都出来帮忙，几个年轻力壮的男同志共同逮住了抢劫的人。大伙商量着把他送到派出所。看到这一幕，我的心里暖暖的，仿佛又看到了小时候的街坊。

这件事以后，我们楼里的邻居突然变得热络起来，闲暇时候彼此也开始走动起来。正是在这真诚的交流和沟通中，我们的感情逐渐加深起来，有的时候，我会觉得在这个城市里又多了很多亲戚。

如果你想在危难时刻有个人伸出双手帮帮你，如果你为家人的安全考虑，那么请抓住邻居这棵救命稻草吧，关键时刻，他们的作用是无可取代的。

【闺房私语】

第一，新搬到一个地方，首先要拜访一下新邻居。

可以带上一些水果，或是其他一些小礼物，让对方了解你的心意。当然，这个社会处处充满了陷阱，对方可能会怀疑你的来意和用心，这个时候要有耐心，多交流，博得邻居对你的信任。

第二，要多为他人着想。

处理好邻里关系的关键，就是凡事要先想到他人。比如：当你白天准备放开音量收看电视或听音乐时，应先想想邻居是否在家休息；当你家装修时，嘱咐装修队员工动作温柔些，这样就避免了一些不必要的矛盾和纠纷。

第三，切忌自扫门前雪。

自家过日子，总有个缺东少西的时候，没有万事不求人的。再说哪家都有自己处理不了的事儿，就得靠大伙儿帮忙，你帮我，我帮你。不能只想着让别人帮自己，自己不帮助别人。那样天长日久，必然会失去人心。当邻居出现困难时，应该伸出友爱之手，主动帮忙。谁家有人病了，帮忙送到医院；谁家有衣服放在外面忘记收了，帮忙收一下；家里做了好菜，喊邻居过来分享一下。只有这样相处，出现问题时才会有人来帮你。

第四，与邻居商讨危急时刻的互救机制。

也许有的人认为这是多此一举。然而，事实证明这是防患于未然的最佳办法。彼此间留个电话，或者约定一个危险时刻的暗号，自然让你的生活多了一份安全。

第二章　独自在外，不给坏人可乘之机

俗话说："在家千事好，出门万事难。"走进家门的那一刹那，我们可以卸掉一切负担，静静地享受家里的温馨。然而，走出家门的那一刹那，单身的我们就要全副武装，准备应付一切突发状况，识别坏人布下的陷阱。

让家人知道自己的行踪

由于工作不是很忙，另外想挣一点儿零花钱补贴一下自己，所以决定找一份兼职做做。于是，在网上投了很多简历。有一次，一个图书工作室给我打电话，说是看了我的简历，感觉我还不错，想让我去面试。

恰好那段时间舅舅家的妹妹在，于是按照约定的时间和地点，领着妹妹一起去面试。考虑到面试带人过去不太方便，就让妹妹在外面等我。我对妹妹说："你在外面等姐姐啊，附近有商场，你可以去转转，估计我会很快，你可别乱跑啊，姐姐还等着你救命呢，如果我过了一个小时还不出来，你要找人来救我。"临走的时候，也没忘了跟妹妹开个玩笑。

安顿好妹妹，我走进了要去面试的大厦。接待面试的是一位和蔼的男士，有些腼腆，为人热情，很有见地。说是面试，其实就是很随意地交谈。谈我的工作、谈他的经历、谈对图书出版的一些看法。由于比较投机，谈得久了一点，等我出门的时候，时

间已经过去了两个小时。

刚出门便打开手机，准备联系妹妹，意外地接到了舅舅的电话。舅舅问我："面试出来了？怎么这么长时间，你妹妹去报警了。"听完我差点笑出声来，心想，不至于吧，我的玩笑话她还当真了？挂了舅舅的电话，我赶紧给妹妹打电话，问她在哪里，这小家伙儿竟然正打车去派出所呢，我赶紧把她叫了回来。

见到我，妹妹不好意思地笑了，说："你这么久没回来，我怕你出什么事儿，就给派出所打电话了，那里的工作人员让我过去，说明一下情况。"我再也忍不住，笑出声来。

事后，舅舅一个劲儿地给我发短信，告诉我："把本职工作做好就行了，一个女孩儿不要总想着挣钱，够花就行呗，多少是多啊。还有，下次出门前，一定要跟你弟弟说一下，他离你近，有什么事情也好照应，你自己一声不响地出去了，多让人担心啊。"

尽管这件事以一场闹剧收场，但是，事后我想了好多。其实，以前也发生过类似的事情，只是我当时太大意了，没太在意家人的感受。读书的时候，放完寒假从家里回学校。由于我们家在一个县城，可选择的车次不多，时间没有特别合适的，我只能坐晚车回学校，到了学校已经是凌晨两点多了。通常我都是到了学校立即给家里回个电话，告诉他们我安全到了，但是恰巧有一次我的手机没电了，也就没打。

回到宿舍，手机充上电就开始补觉。这一睡不要紧，醒来已经是下午了。我赶紧起来洗漱，打算下去吃点儿东西。等做完这一切才开机给家里回电话。刚开机，电话簿还在加载中，家里的电话就过来了。老妈着急地说："你这孩子怎么回事儿，手机一直关机，都快急死我和你爸。我已经打了几十个电话了，你要再不开机我就要报警了。"当时觉得老妈大惊小怪的，我还能丢了不成。也正因为他们这样，所以我做什么事情都是一个人决定，一个人行动，不太爱跟家里人汇报，一方面，是他们不懂，即使说了，她们也给不出什么建设性的意见；另一方面，是怕他们担心。现在想想这样真的不好，本来就是一个人在外地生活，没有人关心你的行踪。一旦自己单独外出，出点儿什么事儿都没有人知道。

【闺房私语】

第一，让家人知道自己的行踪。

需要外出时，应该提前告知家人或者同事，或者在自己的办公桌、书桌上留言，告诉他们自己何时出去的、到哪里去、大约何时能回去、与谁约见、通过什么方式联系较为方便。而办完事儿回来，要主动跟家人或同事联系一下，告诉他们自己回来了，不要担心。

第二，不要让手机成摆设。

出门的时候，尽量将手机带在身边并且充好电。如果遇到手机没电的情况，要提前告诉家人，免得他们担心。当然，更换了联系方式，更要第一时间通知他们。这不仅是对自己负责，也是对家人负责。因为在这个世界上，只有他们是最在意你的。

独自驾车，危险随之而来

因为自己没有驾照，所以一直认为能够独自驾车的女人很酷。然而，每每与朋友提及此事，朋友总会有另一番论调。她说："独自驾车的确免去了挤公交的尴尬，而且一个优雅的女人独自驾车，会给人以赏心悦目的感觉。但是，独自驾车的女人也

有很多潜在的危险，如果自己不加注意，很容易造成巨大的伤害。”

接着，她给我讲了这样一个故事。故事的女主人公是她的闺密，叫小楠。一天晚上，小楠到加油站加油，加完油之后坐回车子准备回家。刚坐下来，右车座的车门就被打开了，一个中年男人坐了进来。小楠吓了一跳，不知道这男人想要干嘛！这时，中年男人开口说：“小姐，我的车坏在附近了，没有办法回家，你能做做好事，载我一程吗？”

小楠很害怕，直接拒绝了中年男人的请求，说：“对不起，我还有别的事情要办，不是很方便，你去问问别人吧。”但这男人却死缠着她不走，一直拜托她：只要帮帮忙带他一程就好了。小楠心里觉得很可怕，但又甩不开这人，所以只好将计就计地跟这男人讲，“好，我答应载你一程，不过因为我倒车技术不是很好，怕撞到后面的东西，你能不能帮我下车看看”。这男人笑容怪异地下了车，走到车后面，准备帮小楠看路指挥。这男人一下了车，小楠迅速地把门锁起来，发动了引擎飞快地离开现场！当时她感觉自己的心脏快要从嘴里跳出来了，全身发冷，两脚发软。

小楠终于逃脱了这个诡异的男人，安全地回到家，好不容易松了一口气，当她正要下车时，不经意地往右车座扫了一眼，这时，她发现在右车座的下面有一把斧头。小楠倒吸了一口气，如果不是自己当时机灵，后果简直不堪设想。

【闺房私语】

第一，行车时，一定要把车门反锁。停车熄火熄灯后，要在车内稍作观察片刻再开车门出来。尽量不要将贵重物品

放在车内，如果一时不方便，要将值钱的东西放在别人看不见的地方。

第二，停车时，千万不要把个人电话写在车窗前，避免有人故意叫你移车时行凶。

第三，小心被尾随。停车时，如果有别的车跟着，停妥后不要马上出来，等对方先下车走远后再出来，以防被劫持。

第四，不要坐在驾驶座上处理事情。

进入车子时，不要在驾驶座上处理事情。这样做很容易为歹徒提供可乘之机，闯入车内，控制你的行动。正确做法是，进入车内，应立即锁门，驶离现场。

第五，警惕车子旁边的厢式车。

假如你的车子停在箱式车旁，尽量从副驾驶车门进入你的车子。许多连续杀人犯都是趁着女性要进入车中时，将她们拖进箱式车中加害。同时，还要观察停放在你左右两边的车子。如果有男性单独坐在旁边的车子内，最好回到购物中心或办公室，找保安人员或警察陪你回去。宁愿防患未然，也不要终生遗憾。

ATM 机方便，但未必安全

临近春节前，在外工作的张菁准备提取存款回云南家乡过春节，但当张菁把银行卡插进银行 ATM 机内时，输入密码后屏幕却显示出“此卡被银行保管”的字样，之后的操作无法继续进行，银行卡也取不出来了。张菁非常着急，因为卡里是她的全部储蓄，如果没了这笔钱，连家都回不成了。于是，她仔细地查看了自动取款机，发现自动取款机的颜色比以往在此取钱时要白些，键盘边缘有的地方还裂开了，于是，她用手试着去揭。这一揭便有了大发现：原来“键盘”底下还有一个键盘，上面明显是被人另外贴上去的，“键盘”背面是一个制作精细的电路板，还有小液晶屏幕，上面的数字竟然是自己的银行卡密码。

于是张菁马上报警，警察到场后又叫来了银行工作人员。银行工作人员仔细检查后，在自动取款机的入卡口内取出一条长达20多厘米的黑色铁夹，张菁的银行卡正是被这个铁夹夹住的。故意卡住了卡，还拿到了银行密码，如果你稍微大意，转身离开，你银行卡里的钱就进了别人的口袋。

当然，并不是所有的骗子都有这么高的智商和技术，很多骗子都打着温情牌，利用同情心来骗你口袋里的钱。

无论是温情式的欺骗，还是赤裸裸的抢劫，他们首选的目标就是女性。因为女性既没有力气、又容易同情心泛滥，对她们下手极易得手。因此，作为一个女人，要想避免财产和人身受到损害，必须提高警惕。

【闺房私语】

第一，晚上尽量不要单独去自动取款机取钱，如果急着用钱，一定要找家人或可靠的朋友陪伴。尽量选择繁华地段的取款机，人多才更安全。

第二，要注意保护密码。

尽量不用自己及家人的电话号、生日、车牌号等常见号码设作银行卡密码。在使用银行卡取款时，首先要保护自己的密码。在输入密码时如发现有可疑人站在身边，应立即停止操作。同时，尽量不要将银行卡与身份证放到一起，以免银行卡落到他人手里，损失钱财。

第三，取款时应先检查一下 ATM 插卡口，看看提款口是否有异常。插入银行卡后，输入密码时，应加以遮挡，防止别人偷窥。在取款后，应将相应的票据加以妥善保存，不要随地丢弃，以防被骗子利用造成损失。

第四，如果发现卡被吞吃等现象，不要离开，应尽快与银行取得联系，不要轻易相信 ATM 机旁边用小广告之类告知的所谓电话号码，尤其是手机号码，因为除了坏人，是不会有哪家银行的工作人员将自己的手机号码公布于众的。拨打银行正规的客服热线请求帮助才是万无一失的办法。

娱乐不是单身生活的全部

王芳在海淀一家夜总会当领班。一天晚上，王芳正在歌厅上班，有两名客人找到王芳，让她陪他们唱歌。闲谈中得知，二人中其中一人叫孙杰，是山东人，王芳一看是自己老乡，顿时感觉关系近了一层。在唱歌的过程中，孙杰想办法得到了王芳的电话号码。深夜，王芳下班了，刚准备出门就接到那个自称为孙杰的男人的电话，说正在门口等着她。

见面后，孙杰请求送王芳回家。一开始，王芳还是怀有戒心的，坚决不肯让他送自己，但是孙杰一再坚持，并拍着胸脯声称自己是好人。王芳想，现在街头治安很好，如果这个男子有什么非分的举动，自己一定能察觉，于是就同意了他的请求。

一路上，孙杰表现得非常绅士。不仅主动照顾王芳，为了博得王芳的笑脸，还给她讲了好多笑话。王芳对孙杰的好感，又多了一层。于是，到了王芳的住处后，当孙杰以口渴为名，想去她家喝点东西时，王芳同意了。

可是到了家王芳才发现，家里没有纯净水了，总不能让客人喝自来水吧，正当王芳犹豫之际，她发现冰箱里还有半个西瓜，于是提议用西瓜来止渴。孙杰没有同意，而是提出把西瓜榨成汁来喝。说着，孙杰自己来到厨房，把西瓜切了，用榨汁机做成了两碗西瓜汁，并亲自把西瓜汁端出来，一碗给了王芳，一碗自己喝，还体贴地说，西瓜汁不但能解渴还能解酒。

王芳边喝西瓜汁边想，自从自己离开家乡以来，还没有人这么细心地对待过自己。平日里见到的人都是花天酒地的，难得有这么贴心、稳重的人，这回真是遇到好人了。这样想着，竟然迷迷糊糊地睡着了。第二天早晨，王芳醒过来时，发现自己躺在床上，身上的白金首饰都不见了，连手包中的手机和500多元钱也都不翼而飞。屋中更是被翻得满地狼藉，就连放在枕头下的买电卡也不见了。这时，王芳终于意识到自己遇上了骗子。她不仅被对方劫了色，还被劫了财。

这不是出现在电视里的事情，而是真实地出现在我们的生活中的事情。正是由于王芳粗心大意、盲目信任别人才出现了这样的悲剧。

【闺房私语】

第一，出入娱乐场所不要落单。

如果你偶尔去夜店放松一下，尽量不要单独出去，最好叫上朋友一起去。可以是一个、可以是多个，但是一定是值得信赖的。

第二，看好自己的饮料。

出入娱乐场所，对于初次相识的好心人送来饮品一定要拒绝。如果没有喝完饮料就去上厕所或者打电话，回来后最好不要再喝。

第三，不外露自己的联系方式。

不要轻易相信在娱乐场所认识的人，如果有人向你索要联系方式，以委婉的方式拒绝。有的女人总是幻想着在那里遇到自己的白马王子，其实这是不现实的。出现在娱乐场所的人，大多都抱着一种娱乐的心态，也许某人会对你表现出好感，但一般来说，其不是一时的空虚寂寞，就是另有所图，所以女人一定保持平常心，切勿给坏人可乘之机。

时刻保护好自己的隐私

彦萍是一个时髦的女孩儿，平时穿衣服很大胆。夏天最经常的装束就是露背装、超短裙，走在路上有很高的回头率。一天，彦萍和朋友出去逛街，准备买一些换季的衣服，恰巧碰上某商场打折，她们不厌其烦地试穿，最后买了一大袋子漂亮衣服回去。

此事过去没几天，彦萍无事在家上网，发现一个网站的论坛上挂着一系列的暴露图片。其中的一张图片差点儿让她吐血，那个只穿着内衣的女孩儿竟然是自己。彦萍有些纳闷，自己从来没有拍过这样的照片，这照片是哪儿来的呢？后来发现，从照片拍摄的角度来看，应该是一张偷拍的照片。

彦萍又仔细地观察了一下照片中的环境，发现竟然是上次去过的商场的试衣间。这么说，这应该是那天在商场里试穿衣服时被偷拍的。彦萍震惊了，正规的商场里竟然会出现这样的事情。

为了维护自己的正当利益，彦萍将商场和网站告上了法庭，用法律武器维护自己的尊严。

【闺房私语】

第一，穿着超短裙的时候，尽量不要走在楼梯的边缘。

走步梯的时候，在楼下看楼上楼梯边缘的情形一览无遗。在穿着超短裙的时候，如果楼下有人故意偷窥，很容易得逞。

第二，试穿衣服时应尽量保留一件底衫。

在服装店买衣服的时候，如果需要试穿，一定要避免自己被偷窥或者偷拍。最好的办法是留一件底衫，尽量是浅色纯色的，这样既不影响效果，又可防止走光。

第三，如果遇到被偷拍等情况，要懂得拿起法律武器来维权。

法律就是用来保护公民的合法权益的，一旦遇到人身权利受到侵害的情况，一定要按照正常的法律程序来维权，不可忍气吞声，更不可报复蛮干。

独身在旅馆，做好充足防备

一个女人出门在外，住旅馆是经常会遇到的事情，而这常常是单身女人很容易忽略的防备“死角”。前几天，听同事给我讲了这样一个故事，立刻提醒了我今后住旅馆也要多加小心。

故事的主人公名叫秦岭，有段时间她和丈夫吵得很厉害，因为丈夫总是很晚才回来，带着一身酒气，偶尔身上还有香水味。一天，秦岭见老公又是醉醺醺的，气不打一处来，两人再次吵了起来。秦岭实在不想和丈夫纠缠下去，一个人走出家门。

风吹得秦岭清醒了很多，既然走出了家门，今晚就不打算回去了。在这个城市，秦岭有很多同学和朋友，但是她不想让别人过多地知道自己家的私事。思来想去，秦岭决定找个旅馆过夜。

由于走的时候比较匆忙，秦岭只拿了一个包，包里有一些现金。考虑到自己没带太多钱，秦岭就在附近找了一个便宜的旅馆。她住的是一个两人间，同屋住了一个陌生女人。心烦的秦岭无心理会别人，简单洗漱了一下，就躺在床上。

因为一直想着与丈夫的矛盾，秦岭无心睡觉，直到凌晨三点才迷迷糊糊地睡去，但没过一会儿，就感觉脖子上痒痒的，似乎有人在动，而她的脖子上正戴着一条金项链。朦胧中，秦岭睁开眼睛，发现一个陌生的女人站在床前，正在拿她的项链。见秦岭醒来，那女子竟然用力扯下项链，急匆匆地从房门逃走。

等秦岭弄清楚是怎么回事后，赶紧拉过自己的包，发现里面的现金、手机等值钱的东西都被拿走了，只剩下一些琐碎的东西。

秦岭叫醒了同屋的女人，问她的东西少了没有，那个女人支吾着说自己的现金少了一些，就不再说话。秦岭马上找到旅馆的负责人，随后他们报了警，但是小偷一时半会儿是抓不到的。秦岭努力回忆刚刚发生的一切，小偷是从房门进来的，要么有人给她开门，要么她有钥匙。无论是其中的哪一种情况，她都是有所准备的。秦岭开始庆幸自己的项链没有那么粗、身上也没有那么多钱，不然损失就更严重了。

【闺房私语】

第一，选择正规的旅馆。

女性在今后的婚婚姻生活中与丈夫发生争吵是很平常的事情，即使夫妻赌气，也不要一个人跑到外面去住。如果遇到非住宿不可的情况，应尽量选择那些比较正规的旅馆。一旦安排好了住宿，赶紧把旅馆的名称、电话告诉家人。

第二，检查安全门和安全通道。

进入旅馆后，应先察看安全门和安全通道，最好是试走一次，以备危险时刻迅速离开，同时还应注意周围的安全逃生出口及紧急电话联络系统。还要注意旅馆内门窗、钥锁设施的安全，入睡前将房内插拴扣好。

第三，警惕陌生人来访。

有来访客人要经过确认，不要随便让陌生人进入，如果有问题，应打电话请旅馆柜台派人处理。如果要外出，尽量把钱包之类的贵重物品随身携带，不要放在房间内。

第四，入住客房时，应由服务人员陪同检查房间内橱柜、浴室内是否有可疑人员。住宿期间，对于陌生异性的电话骚扰，尽量不予理睬，避免被骗。

第五，房间内要经常开窗换气。

尽管条件好一点的旅馆会有空调，但由于长期门窗紧闭，气温恒定，室内空气得不到流通，十分适合某些病毒或细菌的生长繁殖。因此，为了预防疾病，应及时打开门窗通气，使空气形成对流，以保持室内空气的清新度。

第六，洗漱用具要自备，绝不使用盆浴。

住旅馆，每天免不了要洗脸、洗澡、漱口。尽量不要使

用公共洗漱用具，如毛巾、浴缸，漱口杯、面盆等。洗澡应采取淋浴，洗脸也要在水龙头下用流水冲洗。

第七，上厕所尽量使用蹲式而不用坐式。

坐式马桶，最容易使人感染痢疾、伤寒等传染病。为安全起见，最好将清洁的卫生纸垫在马桶的垫上再用。

第八，不要裸身睡觉。

有的人习惯夜间裸身或仅穿短内裤睡觉，这在住旅馆时，是万万不可以的。这样很容易感染多种传染病。因此，应穿一套宽长的睡衣睡觉，等回到家里后要赶紧洗净并消毒。

第九，要警惕偷拍偷窥。

住旅馆的时候，如果洗澡，要把灯关上，或者把浴室的光线稍微调暗一点。进入浴室以后，如果觉得有不对劲儿的地方，比如看到有机顶盒，尽量拿浴巾盖一下，这样可以防止偷窥偷拍。

第三章　有时候，伤害全由自己制造

对于那些遭遇不幸的人，人们总是好心地给予同情，却很少去过问事情的真相。就像一个强壮的人和一个弱小者打架，明明是弱小者先向强壮的人挑衅，可是不明就里的人们，偏偏去谴责强壮的人。这就是当今社会的现状，同情弱者。虽然，那些弱小被伤害的人值得人们同情，但是，有的时候不得不承认，他们该为自己所受到的伤害负一部分责任。作为一个单身女，这个社会的弱势群体，我们应时刻保持清醒，经常检讨自己的行为，只有不断地纠正自己的错误行为，才能让自己免受伤害。

别使你的言行让人想入非非

在新闻或是报纸中，经常可以看到女性遭遇性侵犯的案例，每每看到这些，我都会为那些女孩子感到难过。但是最近听说的一件事情，让我对这种事情有了新的看法。

胡月，今年22岁，四川人，在一家娱乐场所上班。一天下班后，她出门拦了一辆出租车回家。由于司机李铁也是四川人，两人在车上聊得比较投机，胡月好心地说：“大哥，以后晚上回家我就坐你的车了，也照顾照顾你生意。”临下车时，胡月要走了李铁的电话号码。

连续几个凌晨，胡月下班后就给李铁打电话，让他接自己下班。两人越来越熟，有几个晚上，胡月去朋友那里玩，也叫李铁

来接送。

后来的一天晚上，胡月跟朋友出去玩儿，将近凌晨时，她照例打电话叫李铁来接她。那天，胡月穿得很暴露。当李铁看到这个性感的姑娘在街头等自己时，心中涌起了一种莫名的冲动。经过几天的相处，他了解到胡月是那种放得开的女孩。也许是在娱乐场所上班的缘故，胡月喜欢开玩笑，个性豪爽，很容易和陌生男子混成一片。李铁隐约觉得，今晚可能会有故事发生。

李铁没话找话地说："今天挺早的，还不到12点，要不我们去吃点夜宵吧，我请客。"李铁豪爽地对胡月说。

"谢谢了，难得今天不上班，我想早点回去休息。"听胡月这么说，李铁有点儿急，说："你回去也是一个人，除了睡觉也没别的事。我先带你去吃点东西，然后再回家，最多一个小时。"李铁说完这番话以后，就拉着胡月上了车，胡月也没再拒绝。

李铁边开车边在心里盘算着，应该走哪条路，哪条路上人少。其实，吃夜宵只是个幌子，是为了让胡月减轻防备，更大的预谋还在后面。

李铁找了个夜宵摊，随便要了点儿吃的。他不住地劝胡月喝酒，胡月一连喝下了五、六瓶，接着脸开始发红，说话也有点大舌头。李铁一看差不多了，又拉上她说，"我送你回家。"

嘴里说着送胡月回家，车却开向了另一个方向。此时的胡月已经喝晕了，也没发现不在回家的路上。

过了一会儿，被凉风吹醒的胡月隐约有点儿不对劲儿，对李铁说："怎么会走这条路啊？是不是走错了，你要去哪里？""是我尿急，这条路上人少，方便一下，路费不会多算你的。"李铁找了个借口蒙混过去。他把车靠边停下，假装下车去方便。

胡月有点不好意思，把头转了过去，背对着他。这时，李铁的邪恶念头终于爆发了。突然，他打开副驾驶的车门，抓住胡月，就把她往车外的草地上拖。

“大哥，你要干什么，赶快放手!”胡月一下子醒酒了，使尽全身的力气挣扎着，留着长指甲的手在李铁的身上乱抓，把他的衣服都抓破了，手臂上也抓得到处是血痕。

但胡月终归不是李铁的对手，她被拖下了车。身在荒郊野外，任凭胡月大声呼喊救命，也没有人来救她。李铁得逞了，他把胡月塞回前座，说：“不要哭了，我送你回家。”

当车子开到一个有路政保安岗亭的地方时，胡月探出头和手，大声喊道：“救命啊，救命!”路政保安听到声音，赶紧拦截李铁的出租车。最终，保安解救出胡月，并将李铁带到了派出所。

【闺房私语】

第一，穿着要得体。

作为一个女孩儿，应该懂得自重和自爱。不仅要言谈举止得体大方，在穿着方面也要注意，夏天不要穿露背装、露脐装、低胸装。那些穿得花枝招展的女人，不仅刺激了坏人犯罪的欲望，也为自己招来了灾难。

有很多人会说，我穿得少是因为天气热。穿得少就能变得凉快？其实不然，当外界气温不是特别高、低于体温时，此时露出胳膊和腿会感到更凉快。但当出现罕见的高温时，宽松的深色、质地厚密的织物会起到隔绝阳光、制造阴凉的作用，所以，会比只穿小吊带和短裤要感觉凉快。

第二，不要浓妆艳抹。

女人要注重梳妆打扮，适当地化一点淡妆，能够让自己看起来更加妩媚、动人。偏偏有一些人喜欢浓妆艳抹，把自己化得像舞台剧人员。事实证明，化浓妆的女子更加容易受

到侵害。因此，那些经常上夜班的女子，要注意自己的装束，否则，一旦被坏人盯上，你将后悔莫及。

第三，言语要稳重。

有些女子喜欢开玩笑，哪怕与异性交往也不注意自己的措辞。有的时候，暧昧的语言很容易刺激男人的神经，使得男人在冲动之下做出错事。这种情况，尽管女人是受害者，也要承担一定的责任。因此，一个聪明的女人应该懂得如何保持与男人的距离，从而正确处理与男人的关系。

不可滥用同情心

在读研期间，我们院里发生了一件奇怪的事，一个平时乖巧的女孩儿突然精神失常。连正常的学业都无法完成，后来不得不休学。

那段时间，周围的同学都在议论这件事。我也听到一点风声，原来，那个同学一直在外边做兼职家教，一天下班回学校的路上，看到一个小朋友一个人站在路边哭，我那同学见那孩子挺可怜的，身边也没个大人，不由得为他担心起来。一个没走入社会的学生单纯得很，况且面对的是一个小孩子，于是毫无戒备地过去问那小孩子怎么了。小孩子跟我同学说："我和妈妈走散了，自己一个人又找不到家，你能不能送我回家啊？"然后拿一张纸条给她看，说那是他家地址。我那同学毫不犹豫地答应了，按着纸条上的地址，找到了小孩儿的家。当她带着小孩儿来到所谓的家门口以后，刚一按铃，就失去了知觉，原来门铃上有强电流。当同学醒来以后，发现自己被脱得光光的，在一间空屋子里，身边什么都没有。她甚至连犯人长什么样子都没看见，就被害了。由于精神受到了极大的刺激，那个同学整个人都崩溃了，整天疯

疯癫癫的。

听了这个同学的遭遇，我彻底震惊了。原来，现在的坏人都是利用别人的同情心来作案的。坏人的骗术还不只于此，曾经看过这样一个报道，一天夜里，一个女士在自家门口听到有婴儿在哭，她觉得很奇怪。由于当时老公不在家，再加上天色已晚，她就多了一个心眼儿，呆在家里没出去。随后，她打电话给警察，说明了情况。警察告诉她："无论如何都不要开门。"可那位女士还是担心，如果门口真的是孩子，很可能会有危险。警察告诉她："我们会派人前去解决，但是你无论如何都不能开门。这很可能是犯罪分子利用婴儿哭声的录音带，让你以为外面有被遗弃的婴儿，从而出门察看。这可能是一个陷阱。"

陷阱无处不在啊，真是触目惊心！

【闺房私语】

第一，收起你的眼泪。

外表悲惨的人不一定值得同情，他们在赚取你眼泪的同时，也许在策划可怕的陷阱。你可以拿出 5 元、10 元钱，表达一下自己的爱心，不要付出更大的代价来买教训。

第二，遇事找警察。

女人天生就是一个感性的动物，很容易被一些小事触动。单纯、善良本是一件好事，但是这个世界太复杂了，尤其是作为单身女人必须时刻保持一颗警惕的心。如果遇到需要帮助的人，可能你做不到不去理会，这个时候你可以找警察帮忙，不要贸然轻信别人，否则很可能害了自己。

小心炫富心理被人利用

女人都爱慕虚荣，看到这样的语句，总是感觉特别地刺耳。觉得这是对女人的一种误解，一种伤害。但是，对某些女人来说，这句话一点都没说错，这恰恰就是她们的真实写照。

以往有钱人都是很低调的，生怕别人知道自己有钱，因为大家都懂得树大招风这个道理，但是现在这个社会，已经没有了这些禁忌。有钱人大大方方地开好车，住豪宅，自己享受还不够，还要明目张胆地晒出来，恨不得世人皆知。但是，以我的经验来看，一般出来炫的都是暴发户，那些真正的有钱人还是蛮低调的。我不是嫉妒别人优越的生活，但是在我的价值观里，什么事情都要有一定的尺度，如果过分炫耀自己优越的生活很容易引起祸端。

高中的时候，班上有一个有钱人家的孩子，就是现在所说的富二代，化名叫她齐哲吧。齐哲的爸爸是做工程的包工头，在当地算是一个比较富有的人物。有一个这样的老爸，孩子花钱自然随便。当时我一个月的生活费刚 150 元，而齐哲已经成为手机一族。你要知道，那可是 20 世纪 90 年代，在一个县城手机绝对是一件稀罕玩意儿，如果不是有一定的财力，很难用得起。就拿我来说，就是白给我个手机，我都交不起话费。

拿手机，穿名牌，肆无忌惮地花钱，种种特征让齐哲成为年级屈指可数的名人。当然，这样的风云人物当然不是老实角色，周围永远围着一群狐朋狗友，甚至还有一些校外的朋友。这一切都源于她出手大方，舍得为朋友花钱。

有一段日子，齐哲经常逃课，听一些同学说是去校外约会。对于这样的学生老师也没有办法，只得睁一只眼闭一只眼。可是有一次，齐哲竟然两天没来上学。老师让一个同学去齐哲家看看究竟是怎么回事儿，问问她为什么没来上学。可是，齐哲的父母也不知道孩子的去向，他们还以为她在学校乖乖上学，晚上住同学家了呢。这时，老师和家长都急了。

过了一天，齐哲的爸爸接到了一条短信，对方说齐哲在他手上，让齐哲爸爸准备多少多少钱，拿钱来赎人。这时大家才反应过来，齐哲被绑架了。齐哲是家里的独生女，父母自然把她奉为宝贝。遇到这样的事情，他们毫不犹豫地答应了绑匪的要求。

拿到钱的绑匪将齐哲送回家。据同学说，那个绑匪根本就不是外人，是经常跟齐哲在一起玩儿的，只是齐哲绝口不提这件事情。大家都明白，齐哲是不敢提，她怕对方报复。

自那以后，齐哲没有再来到学校，据说是怕影响不好转到了别的学校。她偶尔还和班里的一些同学联系一下，从他们口中得知，经过那件事以后齐哲变了很多，不再挥金如土，也不再穿得花枝招展，行事也低调了很多。

【闺房私语】

第一，交友要谨慎。

能够伤害自己的人，很大一部分都是熟悉我们情况的人。所以，不要随便将自己的底细告诉别人，尤其是对于单身女性而言，炫富的心理很容易使我们成为“狼”眼中的“小肥羊”。

第二，出门尽量少佩戴首饰。

女性有爱美的天性，主要表现之一就是喜欢佩戴首饰。有些女性贪图小利或者喜欢炫耀富裕，这些人很容易成为财产犯罪的被害人。因此，无论是在家还是出门在外，一定要

保持低调，尽量做到不显山不漏水。

出门在外，尽量不要佩戴首饰，如果忘了放在家里，要将首饰藏在衣服下面。尽量不要带大量现金，如果出门买东西，应该提前把零钱准备出来。不要在付钱的时候打开钱包，以免被坏人发现。

第三，保持一颗平常心。

保障自己的财产安全，最重要的是一个心态的问题。只有保持一颗平常心，才能正确对待财富，才能不炫富。也只有这样，才能放心地出门，让自己放心，也让家人放心。

斤斤计较反遭更大损失

有一次，我独自去燕郊办事，由于回来得有点晚，没赶上回北京的末班公交车。恰巧旁边有一个男孩儿也去北京市里，我们盘算着拼车回去。这时，过来一个女司机，问我们去不去北京市里，说她正好去车站接人，如果我们坐她的车可以算我们便宜点儿。

我一直对黑车有所敬畏，感觉自己的安全得不到保证，但是想想一个女司机，另外还有个搭车的伴，也就不害怕了。于是，15 元一位成交。路上我们谈论一些关于黑车的故事，那个女司机倒是很坦然，还给我们讲了一个故事。

她说之前有个女孩儿，晚上从燕郊打车去北京市里，当时已经讲好了价钱，但是临近下车的时候，女孩儿非要少给 10 块钱，与司机发生了争执。那个男司机也不是善茬，一怒之下竟然将女孩儿拖进车里，拉到了荒无人烟的地方强暴了。

本来是件挺简单的事儿，打车付钱，双方按照约定各自履行各自的义务，事情也就结束了。女孩偏偏为了 10 块钱斤斤计较，

结果发生了这样的悲剧，真是令人扼腕可惜。

【闺房私语】

第一，圆滑地处理问题。

作为一个单身女性，本来就处于弱势地位，因此，在处理事情的时候，应该学会理智、圆滑。如果总是采取一种强硬的、蛮横的方法处理问题，往往会吃大亏。

第二，聪明的女人会示弱。

对于比自己弱小的人，人们总有一种怜惜的情愫。在某些时刻，一旦女人表现出温婉可怜的一面，任何人都不会为难她。孤单一人，总有搞不定的事情，与其咄咄逼人地与人沟通，不如适当地示弱，或许问题就会迎面而解。

第三，对人要宽容，不斤斤计较。

人际交往就像一面镜子，你对别人怎么样，别人就会以同样的方式对待你。那些对人宽容的人，往往在人格上赢得了对方的尊重，做起事来，自然不会遭到别人的为难。而那些斤斤计较的人，必定得不到别人善意的对待。有很多不幸的事情，就是在这斤斤计较中发生的。

因此，一个女人独自出门在外，在保持小心谨慎的同时，更应该保持一颗宽容的心，不可为一点小事与他人大打出手，更不可因为一点蝇头小利，就与别人撕破了脸。我们应该时刻记住，吃亏是福。只有保持一颗宽容的心，才能获得轻松自在。

美丽的约会可能是诱人的陷阱

月黑风高的夜，在一条狭窄无人的小巷里，少女被壮汉拖至黑暗处实施暴行……提起强奸，你的脑海里是不是会出现这样的画面？如果你真是这么想的，那么，你落伍了。联合国有关数据表明，如今80％的强奸案都发生在熟人之间。没有月黑风高，也没有呼救无门，而是发生在约会之中。烛光晚餐的暧昧气氛，女人似是而非的表情，蠢蠢欲动的男人欲望，造就了一桩桩的伤害悲剧。

这不是危言耸听，这样的事情就发生在我们身边。我和徐爽是高中同桌，一起备战高考结下的深厚友谊无人能比。尽管后来分别考入了不同的大学，但是我们一直都有联系，共同分享彼此的心事。一次，徐爽哭着给我打电话，向我诉说她的悲惨遭遇，事情是这样的：

一次，和朋友出去吃饭，徐爽认识了朋友的朋友叶凡。那天吃完饭后下起了雨，叶凡自告奋勇地送徐爽回家。路上，叶凡突然问她有没有男朋友。得到否定的答案以后，叶凡两眼放光的盯着徐爽，坚定地说："爽儿，你相信一见钟情吗？我相信！"头次见面就说出这样的话，徐爽觉得这男孩儿很轻浮，就推说明早还有事，快步走开了。

当天晚上，叶凡不停地发短信给徐爽，都是些歌词，很暧昧。徐爽哪儿见过这阵势，只觉得脑子发昏，不知道怎么回复，索性关机睡觉了。谁知道第二天一开机，叶凡就打电话过来，约徐爽吃晚饭。徐爽勉强答应了，但是她明确地告诉叶凡："我们还不了解，只是普通朋友。"叶凡根本不理会她的话，自顾自地说："不管你相信不相信，我真的爱你！"

当晚，徐爽和叶凡去吃饭、逛街，看上去像是约会，可徐爽

并没有答应做叶凡的女朋友。只是想到周围的同伴们都在谈恋爱，只有自己总是形单影只，有个人陪着也好，也不至于太寂寞。就这样，徐爽卸下了心里的防备。

刚吃完晚饭，天就阴沉下来，下起了雨。刚好吃饭的地方离徐爽的住处不远，他们决定去徐爽那里，看电视消磨时间。雨越下越大，叶凡说他住的地方太远，雨又这样大，很难打到车，干脆在沙发上睡一晚算了。徐爽不同意，叶凡不高兴地说："你也太不近人情了吧，下这么大的雨，你至于这么撵我吗？这么晚了，估计你的同伴也不会回来了，我就睡在沙发上，绝对不会影响你，明天早上我就走，好吗？"徐爽有些犹豫不决，叶凡说："你呀，真够保守的，就这一次，好不好？"话都说到这个份儿上了，徐爽觉得硬是撵他走似乎也不近人情，就说："如果一会儿雨停了，你就走。"

两个人接着看电视。徐爽大概有些感冒，觉得身上发热，头晕。叶凡体贴地帮她烧开水，照顾她吃药，然后安静地继续看电视。徐爽觉得越来越困，头昏沉沉的。叶凡让她上床休息一下，并把她扶到床边照顾她躺下，两个人继续说话，渐渐地，徐爽睡着了。

等到第二天早上，徐爽醒过来的时候，她发现自己光着身子，和叶凡躺在一张床上。徐爽哭了，她连叶凡的来历都不清楚，更不了解他的为人，就这样糊里糊涂的与他发生了性关系。为了止住徐爽的眼泪，叶凡一直在解释表白，说他爱她，愿意为她负责。木已成舟，徐爽只得接受这个现实。

就这样，徐爽莫名其妙地成了叶凡的女朋友。在他的要求下，徐爽一次又一次地满足他亲热的要求。已经有了第一次，再坚持也没多大意思，徐爽就这样把自己交给了他。

女人总是这样，身体给了一个男人，心也会跟着给了对方。徐爽一心一意跟叶凡好好相处，将来结婚生子，也算圆满。可是，现实再一次打击了她。两个月后的一天，徐爽跟同事逛街，恰巧看见叶凡跟一个女孩儿手牵手亲密地走在街上。当她生气地走上去，质问叶凡的时候，叶凡竟然装作不认识她。徐爽一气之下，动手打了他，扭头走开了。

此后，叶凡不再联系她，人消失了，电话也关机了。只留下徐爽一个人，还有一颗受伤的心。

【闺房私语】

第一，不要盲目相信朋友。

朋友是分等级的，那些值得信赖的朋友，一定是你十分了解的。不说了解他的祖宗八代，至少也要有很深厚的交往做基础。而对于一些从网上或是其他渠道认识的朋友则要理性对待，且不可盲目相信。

第二，不要留异性朋友过夜。

如果对方是你不太了解的朋友，一定不要带他回住的地方。如果已经将对方带回住处，一定不要留对方在家里过夜。哪怕是得罪对方，也不要勉强自己。不要顾及面子，要坚决地请他离开。有些男人就是利用女孩子心软的弱点，来对女孩子造成伤害。因此，单身的女孩子一定不要给居心不良的人造就可乘之机。

第三，学会停止伤害。

如今，社会上出现了一个新名词，叫“社交性强奸”，多发生于熟悉的人之间。有些女孩子，一旦遇到这种事情就认命，索性与对方恋爱，最终的结果是，不仅使身体受到了伤害，也让自己的心灵受到了伤害。错误一旦发生，我们不能一错再错。只有及时把自己从错误中解脱出来，才能开始新的生活。

盲目相信别人是自讨苦吃

与男人相比，女人更喜欢感性地考虑问题，所以也更同意轻易地相信他人。作为单身女性，通过这些年来听到的不少故事，我不得不告诫各位姐妹们，一定不要盲目地相信他人，否则会害了自己。

杨柳是一个身材窈窕的漂亮女孩，在一家研究所工作，研究所位于郊区。中秋节那天，她和男朋友约好去他那里过节，可是等了很久，开往市里的班车一直没有过来。一辆开着白色商务别克车的男子问杨柳是不是去市里，面对陌生人的提问，杨柳没有理会。

又等了十几分钟，还是没有长途客车开过来。男友的电话打了过来，得知杨柳还没坐上车，也不由得着急了。这时，杨柳猛一回头，发现那辆白色别克车还停在那里。开车的那名男子向她招手："一起走吧，我是附近税务局的，你看我的驾驶证和工作证，还会害你不成?"男子说着下了车，把证件递给了杨柳，杨柳仔细一看，工作证上写着"冯军，男，汉族，某某地区税务局驾驶员"，果然是一名公职人员，杨柳这才放下心来。

男子绅士地为杨柳拉开了车门，说："你我相识，也是缘分，你不要跟我太客气!"

通过交谈，车里的气氛渐渐融洽起来。冯军的风趣和健谈，让杨柳逐渐消除了拘谨和生疏，慢慢放松下来。渐渐地，杨柳也聊起了自己。由于聊得比较投机，一路上两人有说有笑。

可是后来，冯军的话题让杨柳越来越不舒服，他总是故意拐着弯把话题引向她的收入："你干这行一定很有钱吧，一个月能拿多少？""没多少钱。"杨柳支吾了一句岔开了，不想冯军又问："那你男朋友一定有钱吧，不然你这么漂亮，怎么会看上他？"不管杨柳怎么转移话题，冯军似乎脑子里想的都是这些问题。杨柳不高兴地喊道："停车，我要下车！"

冯军将车停在了路边，杨柳刚要去拉开车门，一把匕首横在了她的脖子上！"给我老实点，不然我杀了你！"冯军突然面露狰狞。他一手卡住杨柳的脖子，另一只手放下匕首，用胶带将杨柳的手反捆上，然后用一条抹布堵住了杨柳的嘴，将杨柳塞进了驾驶座下，然后调转车头，往郊区城镇开去。

原来，这个冯军虽然是一名公职人员，但近年来由于赌博欠了十几万元高利贷。债主威逼他还钱，否则要给他或者他家人一点"颜色"看看。焦头烂额的他在一个电视节目中受到"启发"，准备铤而走险，预谋绑架个有钱人。这天中午，他去市里办事，将罪恶的目光瞄准了等车的杨柳。

轿车驶到荒无人烟的地方，冯军停了下来。他将杨柳随身物品全部翻了一遍，将几百元现金装入囊中，又将杨柳的银行卡抽了出来，强迫杨柳说出密码。次日清晨，冯军将杨柳卡内的近6 000元钱全部取出，又威胁她的男友拿出 5 万块钱才肯放了她。幸亏，杨柳的男友及时报警，才挽回了杨柳的性命。

【闺房私语】

第一，时刻保持警戒之心。

人与人之间需要信任，但是，信任是有选择的，决不能拿生命和财产安全做赌注。对于初次相见的人，无论对方如何真诚，都要保持警戒之心，不要轻易相信。

第二，不搭乘陌生人的顺风车。

天下没有免费的午餐，如果对方不是你的熟人，又没有从你这里得到任何好处，却肯让你搭顺风车，这个人很有可能隐藏着不可告人的秘密。因此，我们必须学会甄别好与坏，学会从细节中嗅到危险的气息，不给坏人可乘之机。

第四章　帮你识破坏人的诡计

骗子的手段越来越高明，如今，识别骗术绝对是一门高明的学问。然而，无论骗子的骗术如何严谨，总有疏漏的地方，因为做坏事的人总是心虚的，心虚就容易露馅。我们没有其他人可以依，只能充分利用女人敏感的直觉和足够细心，这样才能善于发现，逃过骗子的陷阱。

骗子最中意的是单身女人的钱袋

每到旅游淡季的时候，飞机票就疯狂打折，跳水价、跳楼价地甩卖，最低的时候还有1折的机票。除了各地有飞机票代售点，很多网站也能买到飞机票。面对如此实惠的价格，这样便利的交通工具，很多单身的女性，都将旅游作为消磨寂寞时光的方式之一。但是，从网上买机票可得留神，否则一不小心就有可能买到假机票。

朱娟是我们宿舍公认的聪明人，从小到大都没受过骗，她自信地认为就算遇到骗子也能搞定他。但是，不久前朱娟却被骗子轻易忽悠了两次，损失了2 000多块钱。

朱娟在青岛工作，一次她打算到北京玩儿。于是就在网上查看打折机票，偶然看到厦门航空公司的打折机票。票价还挺便宜的，从青岛飞往北京，打完折以后是200块钱。朱娟按照网站上所写的电话去询问，接电话的一名男子称，他是厦门航空公司售票处的工作人员，在记下了朱娟的姓名、电话和身份证号码后，就给了她一个农行的账户，让朱娟先把买机票的钱打到这个卡

里。第二天，朱娟很神速地把 200 元打到了男子给的账户。

然后，朱娟再次打电话确认。这次，接电话的是一名女子。朱娟说已经把钱打到昨天给她的账户了。对方告诉朱娟，她预订的航班已经订好了，起飞时间是次日中午 12 点 25 分。说完后，又问朱娟是如何付款的。朱娟说就是把钱打到了昨天给的那个农行卡上了。本想着这样就办好了，但是，对方却说，现在必须要用银联的银行卡激活账户，只有这样才能提取她的电子客票号顺利登机。用来激活账户的银行卡，不管哪个银行的都可以，但是账户里的数字必须是 4 位数的。

这时候，聪明的朱娟便觉得有点儿不对劲儿了。于是，她以没带银行卡为由挂了电话。然后，朱娟又在网上找到了厦门另一家航空公司的电话，马上打电话去询问。电话里，对方告诉她，要买机票必须要用银行卡激活后，才能获得电子客票号。也就是说，这家航空公司所说的与第一家的一样。于是，朱娟对此信以为真，并且还对刚才怀疑第一家航空公司的想法有些可笑。

朱娟再次致电厦门航空公司售票处。电话里，当对方知道朱娟的银行卡里有 2 000 元的存款后，就告诉她电子客票的激活代码是 1999。而事实上，这哪里是什么激活代码，明明是对方想通过银行转账，转走朱娟卡里存款的数额。但是，大意的朱娟此时仍对对方没有任何怀疑，按着对方的吩咐，办理了转账手续。然后，还主动打电话告诉人家钱已经转了。对方也乐呵呵地说，好的，好的，我们马上查收，接着就挂断了电话。等朱娟再次打电话确认的时候，对方拒不接听。此时，朱娟才真正意识到自己受骗了。其实，朱娟所打的这两家“航空公司”实际上是同一伙骗子，只是当时朱娟没有看清楚，太粗心大意了。

能骗走你兜里钱财的，不只有打折机票一种方法，QQ、MSN 都可以成为骗子行骗的工具。这样的事情，我就真真切切地经历过一次。

一天我在单位上网，一个比较要好的高中同学用QQ发来消息，问我忙不忙，最近怎么样？我们有一搭没一搭地聊着，突然对方转变了一个话题，问我有没有网上银行。由于担心网上购物浪费钱，我一直没有开通，所以如实告诉同学我没开。见我这么说，我的“高中同学”又开口了，说她在网上买了点儿东西，银行卡上的钱不够。今天刚刚去银行存过钱，但是在网上操作的时候，显示操作错误。最后请求我借用一下别人的网上银行，来帮她交一下款，等过几天她就把钱打到我的银行卡里还我。听到这儿，我开始怀疑了，因为，以我同学的性格，如果自己银行卡里的钱不够，就不会买这件东西了，绝不会找别人帮着买的。况且，我已经表明自己没有网上银行，她更不会让我去管别人借。于是，我试探性地问：“你是本人吗?”她回答得倒是很痛快，“是啊。”“我们共同的朋友是谁?”我继续问。“黄英”我压根不认识什么黄英，我猜她一定是从同学的QQ号里随便找来的，碰碰运气。

知道对方不是我同学后，我马上拿起手机给同学打电话，把刚才的事情跟她叙述了一遍。得知我没有上当，她松了口气，说：“幸亏你比较了解我，不然真的让骗子得逞了。”随后，我在同学的QQ签名上看到了这样一句话，QQ被盗，不要轻易相信借钱之类的话。

【闺房私语】

第一，看好你的QQ。

QQ是一个危险的玩意儿，有人偷QQ就是为了冒充你，以你的名义向你的同学、朋友借钱。如果你的朋友不够细心，很容易陷入对方的陷阱。为了防止你的QQ成为别人

诈骗的工具，一定要设置一个复杂一点儿的密码，而且要经常更换。尽量不要在公共场所上网，以防有盗号木马。

第二，有些信息需要电话确认。

网络是一个虚幻的世界，有着很大的不确定性，因此，在网上处理任何事情，都要保持极高的警惕性。如果有朋友在网上跟你借钱，一定要打电话确认一下，如果朋友亲口确认是他需要钱，才能把钱寄给他。否则，就是发短信过来，也不能相信。

第三，尽量减少在网上交易。

如果你喜欢在网上购物，建议你另开一个银行账号，每次少往里存点儿钱，这样即使被盗了，也不会损失太大。

第四，捂紧你的钱袋。

骗子行骗无非是想骗点儿钱花，只要你捂紧自己的口袋，骗子也拿你无可奈何。凡是遇到需要你从口袋里往外拿钱的事情，一定要保持十二分的警惕，辨别能力强了，骗局自然会被识破。

如果你收到这样的短信

现如今，手机已经成为人人都不可缺少的通讯工具，但是也给人们财产安全带来了很大的隐患。很多骗子都以手机短信作为渠道，骗取金钱。尤其是单身女性，很容易成为骗子的行骗目标。

不久前，我的一个朋友手机不小心被偷了，由于手机里有很多重要的号码，于是回去补办了一张卡，继续用以前的电话号。两个星期后，她在外地旅游的时候，收到深圳的一部手机发送的短信："请注意：我们将连续六小时内不断地拨打你的电话，请做好心里准备。你可以选择关机，谢谢！"在收到这条信息后，果然有一部深圳的小灵通不断打来骚扰电话，刚一接听，对方就说："我们将在六小时内连续不停地拨打你的电话，你可以选择关机"。我的朋友很好奇，问对方为什么这样做，对方回答说是测试，然后挂机。此后，朋友大约每隔一分钟就接到一次由这部小灵通打来的电话，每次接听，对方就叫她关机。对方不断地拨打，朋友终于不堪忍受，只好关机。

半天后开机，她在东北的家人打来电话，说有人往家里打电话，说她突发事故正在抢救，让她家人立即汇多少钱到某某账号，并声称，如果在多长时间内收不到钱将停止抢救。她的家人联系不到她非常着急，但是想到昨天她还给家里打过电话说今天去旅游，怎么会这么巧就出事了呢？于是决定晚一会儿再说。朋友听了家人的话，深吸了一口气，幸亏父母比较理智，不然骗子准会得逞。

【闺房私语】

第一，要注意保护自己的信息隐私。

不随便把自己的手机号码、家里的电话号码告诉不熟悉的人。如果接到陌生电话或者短信时，不要轻易向对方泄露自己的隐私，如家庭住址、办公单位等。如果电话或信息中涉及到财物要格外小心，一定要仔细确认。

第二，警惕温情祝福背后的高额话费。

一天，一个同事收到这样一条短信，"老同学，一别多年，好想你哦，本想打电话给你，可惜手机快没电了。我在留言信箱给你留言啦，你尽快收听就知道我一直没忘记你啦!”因为春节放假期间刚刚参加了同学聚会，同事担心是久不联系的同学，就抱着试试看的态度打了过去。没想到，电话接通后响起的却是信息台的音乐。同事知道自己上当了，赶紧挂断了电话，可查话费时她发现，自己竟然被扣去了几十元的费用。很多人都有过类似的遭遇，特别是节假日期间，不少诈骗短信都打起了“柔情牌”和“祝福牌”。看似温情的祝福里，背后却往往是信息台或高收费电话。

第三，“银行确认短信”也要小心。

如果有人给你发“尊敬的客户您好，您刚才持××银行信用卡消费×××元，如有差错，请回电查询”这样的短信，首先要确认一下发信息的号码。如果发件人的号码确实是银行的客服电话，可以打24小时客服电话查询一下；如果只是一个陌生的手机号码，那么根本不用理会它，肯定是骗人的。不管怎么样，千万不要贸然泄露自己的银行卡号和密码，以免给骗子可乘之机。

第四，不要理会“未接来电”。

手机上经常会有一些未接电话，它们的共同特征是只响一声就被挂断，回打过去，电话另一端就响起了“您好，这里是×××公司”的录音电话声，随后就给用户造成了高额话费损失。因此，如果电话上出现陌生号码的“未接来电”和不熟悉来源的短信一定要注意甄别，不要轻易回复，不给电话短信欺诈以可乘之机。

第五，不要回复激将短信。

很可能某天早上开机的时候，你会收到这样的短信，短短数十个字，从头到尾都是咒骂的话，什么“你全家出门都被车撞死”等，骂得很恶毒，很低级，这个时候你或许会想，是自己得罪了什么人，才招人如此怨恨。其实不然，这

很可能是骗子的新花招，这类骗子就是想激起你的愤怒，一气之下将电话打过去，这个时候遭殃的就是你的钱包了。

第六，一定要抱定"天上不会掉馅饼"的心态。

俗话说，贪小便宜吃大亏。频频发生的短信诈骗案，无非都是瞄准了人性的一些弱点，例如贪心、冲动，从而编造出车祸、意外、中奖等谎言，骗走你银行里的钱。因此，要想彻底远离上当受骗，一定要建立起强大的内心防线。

假车祸，真抢劫

前几天，表哥给我打电话，讲了最近发生他身上的一件事，我听后立刻毛骨悚然，想到自己一个单身女子，将来也有可能遇到类似的状况，所以将此事拿出来讲给大家听，希望能够给广大的单身女性提个醒。

事情发生在两个多月前的晚上，大约九点半左右，表哥跟他几个哥们去机场接机。由于人比较多，他们开了两辆车，一辆路虎，一辆丰田。当时，路虎车一直走在前面，而表哥所乘的丰田跟在后面。由于丰田开得比路虎慢，渐渐地与路虎拉开了一段距离。当距离机场还有十分钟车程的时候，开丰田的哥们忽然发现前面有一个黑色一米多长的长条物体（后来发现是保险杠），直直地横在马路中间，由于速度太快，当时转弯已经来不及了，只有硬着头皮冲了过去。

尽管已经减速行驶，但是撞上那个黑东西以后，丰田前头还是被毁，所幸车上一车人无一受伤。由于天色太晚了，又没有路灯，后面的几辆车在短短的十秒钟内全部被撞，只听见连续"咚！咚！咚！……"的声音。碰巧大家开的车都比较结实，人都没有事，车也都能开回去。

发生事故后，表哥他们马上打电话问前面开路虎的那个哥哥有没有事，结果他说他根本就没看见那个保险杠。刚开始，他们还怀疑是不是路虎车内的隐藏保险杠掉落，后经核实，它安然无恙的在它原有的位置。当时没有多想，大家都在考虑可能是他开的路虎底盘比较高，所以没看见就过去了吧。更没有追究是谁掉下的保险杠。路上也没有看见有人停车，回来找他的保险杠，但是事情远没有想像中的简单。

事情过去半个月后，表哥的一个朋友开车去机场接他的女友，晚上十点多分返回的时候，在和表哥发生事故差不多的位置，同样发现一个黑色一米多长的黑色物体。由于他的车子较旧，性能也较差。在躲闪中，车子失控，两次撞到隔离带后，自己当场死亡。而他的女友，身体受了重伤。事故发生后，交警测定，逝者所驾驶车辆，刹车制动正常，油门离合正常，尸检结果，逝者体内无酒精。家人证实逝者非疲劳驾驶。

听表哥讲述了这两件事情以后，我们不得不将两件事情联系到一起：为什么在几乎同一时间，在相差不到一百公里的地方，发生两次保险杠掉落的事件？保险杠是从谁的车上掉下来的，车主能感觉不到吗？更奇怪的是，事故发生后，黑色物体竟然神奇失踪，连同一起消失的还有受伤者的包及包内所有财物，电脑，手表，全部被盗。

表面上看，表哥他们是遇到了车祸，实际上，车祸的制造者正是借助车祸来进行抢劫的。手段如此高明、残忍，男人都有可能被抢，更何况是单身的女人呢？

【闺房私语】

第一，最好不要在夜间行车，如果必须夜间行车，尽量不要在超车道与紧急停车道上行驶。

第二，如果遇到车辆爆胎等情况时，如果人多，最好留人在车内看管好财物。如果只有一个人，最好原地别动，按喇叭请人帮忙，或者找警察帮忙。

第三，如果遇到车祸，千万不要马上出来，最好先冷静观察对方。如果对方有好几个人或来者不善，最好马上开走，同时猛按喇叭，引起旁人的注意。千万不要因为疏忽大意，上了坏人的当。

独自乘出租，要警觉车内异味

前几天同学聚会，大家玩儿得很高兴，十二点左右才回家。当时，回家的公交车已经没有了，我决定打出租车回去。

街上已经不见了白天的人来人往，偶尔看到的都是出来玩儿的年轻人。由于KTV门口的出租车生意非常好做，我等车等了好久。期间，不时有黑车司机过来搭话，问我去哪里，表示可以送我过去。我一直对黑车充满了恐惧，很少为了省几个钱坐黑车，更何况是凌晨12点，我可不想拿自己的生命开玩笑。又过了一会儿，终于等到空车，快速上前拦车回家。

向出租车司机说明了我要去的地方，转头去看北京的夜景。车过了三环，司机把车窗摇了上来。由于入秋的天有一点冷，我并没有过多怀疑司机关窗的举动。大概到了小庄的时候，我觉得车上有一点点异味（味道不是很重），这个时候我发现司机拿起

水瓶，喝了很多的水（事后才明白那应该是所谓的“解药”）。然而当时，我并没有把这两个行为联系到一起，也没有在意什么。

大概又过了一会，我觉得车上的味道浓了很多，而且感觉胸口有点闷。因为在网上也曾看到过出租车迷药之类的故事，脑子里闪过一个念头：“难道我也碰上下迷药的了?”但转念一想，“我乘坐的是正规出租车，司机应该不敢这样吧。”尽管用这个理由说服了自己，但我还是迅速地扫了一眼车窗玻璃按钮的位置，以便能迅速打开车窗。

大概过了不到一分钟，突然觉得胸口闷得厉害，而且头也发晕，眼睛看东西有点转。我突然觉得自己的意识快要失去了，这个时候，我知道自己碰到用迷药抢劫的了。但是我一直试图保持镇定，以便让司机相信我没有发现他要抢劫我，因为从红庙到慈云寺之间有一段比较偏僻的地方，我真的怕他会做出什么过激的行为。

我努力使自己的坐姿看起来比较端正，没有让司机看出“破绽”。说起来容易，做起来难，这个时候一定要有顽强的意志，那就是绝对不能昏过去，甚至不能闭上眼睛，这一点至关重要。为了让自己呼吸点新鲜空气，找回意识，我本能地用尽全身的力气伸手按开车窗的按钮，玻璃落了下来，我急忙转头去透气，而且用胳膊死死地压在了玻璃上。我用眼睛的余光偷偷地看了看司机，发现他在按关窗的按钮，由于我死死的按着，他关了几次都没有关上。

快要到大黄庄的时候，我告诉司机我临时决定要去朋友那里，要求他在大黄庄停车。到了大黄庄车站，我付钱下了车，本以为他会把车开走，我要顺便记下他的车牌号。但是他没有动，只是转过头死死地盯着我，我猜他是在看我有没有倒下。因为当时很恐惧，看到路边有一家 KFC，我就急匆匆地冲了进去。

到了 KFC，我在里边坐了将近五分钟才让自己平静下来。

想起刚刚的经历，已经吓得没有力气回家了，赶紧给朋友打电话，让他过来接我。等到朋友出现在我面前时，我再也忍不住抱着他哭了起来。

回到家躺在床上，我久久不能入眠。马上被迷药迷晕的一刹那经常在我的脑子里出现，而且每次都让我毛骨悚然。假如我当时没有发现，没有及时把车窗打开，肯定会晕过去。然后会是什么结果呢？我当时身上只有150元现金和一部手机，这些并不重要。如果歹徒觉得这些东西太少，会不会有其他过激的举动呢？我想最好的结果是把我洗劫一空，扔到一个行人稀少的地方。也有可能劫财的同时，顺便劫色，甚至为了灭口而把我毁尸灭迹……总之，真的不敢想像。

【闺房私语】

第一，不管是出去玩儿，还是在单位加班，尽量不要拖到太晚。如果实在不能完成任务，要加班到很晚，建议你找一个可靠的朋友来接你，或是在附近找一个可以休息的地方，对付一晚。可能这样的加班成本会很高，但是总比冒着生命的危险回家要好。

第二，一定要找正规的出租车。

正规出租车的安全性还是要高一些的。另外，相比于男司机来说，尽量找一个女司机，实在没有女司机，也要找一个相貌和蔼的男司机。千万别说什么人不可貌相之类的话，要相信我，所谓相由心生，人的相貌在一定情况下还是可以反映内心的。

第三，在上车之前，要注意一下前座有没有斜靠下，以防里面藏有他人。在上车之后要马上打开车窗，保持车内的空气流通很重要。

第四，上车之后，尽量不要同意司机拼车之类的要求，哪怕司机承诺让你少付点儿车钱，也不可贪小便宜。因为没有人能保证，下一个上车的是不是他的同伙。

第五，上车后先给家人打个电话，将车号、驾驶人资料告诉他们，以防万一。其实，这样做对司机也能起到一定的警示作用。

第六，上车的时候尽量带一瓶矿泉水和一个外套。如果发现自己有眩晕的情况，不要惊慌，更不能让司机看出来。但一定要多喝点水，必要的时候还可以用水擦擦脸。在行车过程中，一旦发觉司机不轨时，可以用外套套住他的头或脖子，让车暂停下来，好方便逃走。

第七，如果有意外发生，千万别乱喊救命，大半夜不会有人听到的，就算有人听到了也不一定会来救你，除非车子正好停在了交警旁边。乱喊的结果只能是激怒歹徒，加重他的罪行，因此，一定要保持冷静。

天上掉的“馅饼”会将你砸晕

阿里巴巴十周年庆典在杭州举行，当时恰巧有一个同学在阿里巴巴工作，我沾光得到了一张票，于是有幸参加现场活动。

晚上活动结束后，阿里巴巴的工作人员把我送到酒店时，已经是 20：40 了。睡在酒店的床上，想着刚刚看过的每一个节目，还有马云精彩的演讲，以及那超级无敌的白发造型，不知道什么时候就睡着了。可能是太累了，那晚睡得很香，醒来时已是早晨 7 点，于是梳洗完毕后出门吃早点。

当时，我找了一家特色小吃店，品尝了里面的小吃后，我打算去车站坐车回家。在往车站走的路上，一个男人拍了一下我的肩膀说："去哪里？"后来不知为什么，我就鬼使神差地把钱包给了他，中间发生了什么事根本就记不清了。等我走进杭州南站售票厅去买票时才发现，钱包没了，自己已经身无分文。当时我真是蒙了，在杭州连一个认识的人都没有，遇到这样的事情我脑子里一片空白，第一反应就是打电话向同学求救，可是同学要开会，根本就出不来，他让我找他的朋友拿钱，可远水解不了近渴，他的朋友都在萧山，而我在南站，离得很远。于是，我决定去找警察，警察了解了我的情况以后，把我送到了西站派出所。后来又辗转了去救助管理站，直到下午四点多，我才上了回家的火车。

至今我都没有弄清楚，那男人后来跟我说了什么，我是如何把自己的东西交给他的，但是，据朋友分析，我当时肯定是中了迷药之类的东西，迷失了心智，所以才会那么听话，乖乖地把东西交给一个外人。

可见，骗子总是不择手段的，只要能将钱财搞到手，他们总能想出各种各样的办法来迷惑你。我有一个好朋友，去苏州旅游，第一站就到拙政园。在进园的时候遇到了一个导游。导游很热情，主动上来询问是不是来游园的，还说如果需要自己可以为她买打折的门票，并免费导游。听到有这样的好事儿，朋友自然很高兴，美滋滋地交了钱，进了园子。由于当时在别的景点买了一些纪念品，还有一些随身带的东西，为了减轻负担，导游建议朋友将东西寄存起来。做完这一切以后，朋友开始跟着导游游园。导游确实很专业，将所到之处的历史、典故都讲述得绘声绘色，朋友心里还庆幸，幸亏请了导游，不然不知要错过多少故事。可是过了一会儿，导游提出要上厕所，让朋友在原地等待，朋友毫不设防地答应了。

时间一分一秒地过去，朋友左等右等都不见导游回来。朋友还天真地以为是导游认错了地方，找不到她人了。于是，自己继续游览，等游完园子去取东西的时候，竟然被告之东西被取走了，听店家形容，正是刚刚那个导游拿走的。

【闺房私语】

第一，慎重对待陌生人的热情。

如今的坏人，已不再是你想像中凶神恶煞的样子。越是狡猾的坏人，越会用善良的方式让你上钩，笑容、热情是他们最好的保护色，因此，遇到特别热情的陌生人一定要保持警惕。

第二，不要随便跟陌生人搭话。

骗子会从与你的交谈中不知不觉地获得他需要的信息。人心隔肚皮，你永远猜不透下一秒他会为你布下什么样的陷阱。只有时时保持警惕，才能让骗子的陷阱落空。

第三，告诉对方你不是一个人。

单身女人出门，很容易成为坏人下手的对象。若不想成为对方的猎物，一定要给自己“找个伴儿”。哪怕一个人出门，如果遇到陌生人搭茬，也假装自己在等人。对于有伴儿的人，坏人恐怕就不感兴趣了。

美容院里暗藏玄机

爱美是每一个女人的天性，所以在大大小小的城市中，有各种各样的美容院。作为单身女性，我常常光顾美容院，一方面为了保持青春活力，一方面消磨了大把无聊的时光。但是前段时间

听说了一件关于美容院的事，让我对美容院也多了几分小心。

过节的时候，罗静去超市给父母买礼物。碰巧遇到一个美容院的服务人员正在发送传单，传单上写着节日当天可以免费作美容体验，还可以免费抽奖，被抽中者可以获得由该院发放的美容套装。

爱美之心人皆有之。免费作美容，还可以参加抽奖，面对这样的好事，罗静有些动心。服务人员似乎也看出罗静在动摇，赶紧过来热情地讲解，并且一个劲儿地请她进去坐坐，了解一下。

罗静被带进一个不大的房间，里面有几张床，还有一些简单的设备。罗静有一些灰心，这么简单的设备能给皮肤带来什么好处，正在她思索着要不要继续体验之时，美容院的项目推广人员及时赶到，向罗静进行了一系列的洗脑，吹嘘他们的先进技术。看她们保证得这么好，又不要钱，罗静决定试一次。

美容师让罗静躺在一张床上，随后拿过来一堆产品，在她的脸上涂了一层又一层。美容师忙活了一个多小时，体验活动终于结束了，罗静站在镜子前左照右照也没看出有什么变化来，唯一的感觉是比进来以前干净一些。

反正是不花钱的，也无所谓了。罗静整理好自己的衣服，准备出门，却被店里的服务人员叫住了："小姐，您需要过来确认一下费用。""费用？什么费用？不是免费的吗？"罗静在第一时间反驳道。

"是这样，美容是免费的，但是产品不免费。您使用的产品是 360 元的，可以给您打个 5 折，打完折是 180 元。"

罗静当场崩溃了："你们这是骗人，传单上明明写着美容免费，怎么到头来还要收钱呢？"

服务人员的口气也不友善起来："你跟我说这没用，用了产品就得付钱，你自己看着办吧。"

双方就这样僵持着。这时，里屋出来一个貌似管事儿的人，

她笑着对罗静说："在做项目之前，咱们之间缺乏交流，双方都有责任，要不我们都退一步，您就给 100 块钱吧。"

罗静实在懒得跟他们理论下去，扔下钱走人。想着自己花了 100 块钱的冤枉钱，还惹了一肚子的气，罗静生气极了，可是以至此，只能接受这个无奈的现实。

【闺房私语】

第一，作美容一定要找一家正规的美容院。

正规的美容院，不仅收费明码实价，而且产品也有保证。不花冤枉钱，不会毁容，对女人来说是至关重要的事。

第二，作美容项目以前，一定要讲好价格。

美容和美发都是暴利行业，有很大的利润空间。他可以要你 100，也可以要你 500，因此，决定作项目之前，要谈好价格。

第三，不要贪图小便宜。

俗话说，贪小便宜吃大亏。一些美容院的宣传单里藏有很多陷阱，不要被一些免费字眼儿迷惑，要看清其中的每一条款。

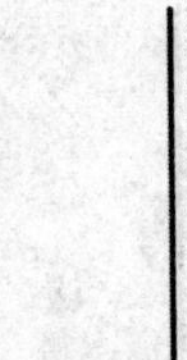

第五章　网恋，梦里花落知多少

如今，上网已经成为人们的一种生活方式。形形色色的网络不仅为我们提供了很多便捷的信息，还为我们提供了一个很好的休闲场所，聊天、看电影、玩儿游戏，每一样都让我们的业余生活变得丰富多彩。说到这里，我们不可避免地要提到一个网恋的问题。

网恋是一个复杂的现象，很难用好或坏来评价它。遇到甜蜜网恋的人，说它是天使；而吃过网恋亏的人，说它是魔鬼。其实，网恋本来就是一把双刃剑，对单身的女人既有着致命的诱惑，也深藏着危机。如果你正在尝试，千万别伤了自己。

孤独——女人的毒药

孤独是一个很刺眼的词汇，比如，有人说孤独的人是可耻的，尽管想不出可耻在哪里，但是，我不喜欢孤独的感觉。

小的时候，流行家长把孩子送到县里教学质量比较高的学校读书。为了我的前途，老妈也把我送到县里，当时真的不能理解，老妈为什么这么狠心，把那么小的我一个人被丢在外面，于是我在夜里偷偷地躲在被子里哭。那时，还不懂得什么是孤独，但每当看到别的孩子围绕在父母身边时，既羡慕又嫉妒。在这份懵懂的孤独中，我学会了独立，并且明白只有自己才能帮助我自己。

度过了懵懂的季节，我上了大学。看着身边的朋友都陆陆续续有了男友，我没有羡慕，没有妒忌，我只是觉得没有男朋友，我也可以很快乐。

的确，我的大学生活过得有声有色。由于爽朗的性格，身边的人都叫我“哥”，我也会很豪爽地附和。在一段时间里，我很享受那种众心捧月的感觉，但是心里总是有种莫名的空虚。曾经，也有男生跟我说会照顾我，但被我很直接地拒绝了。因为我对一个喜欢的男生说，我只想对你好，他却只说了一句“谢谢”。然后转身，笑着离开。

在我的生活里面，男生都是蓝颜，女生都是姐妹。我能很容易地与他们打成一片，但是在内心深处，我越来越明白，我是多么地期望能有一个人、只属于我的那个人在身边，哪怕只是静静地呆在我身边，就那么陪着我。在我高兴的时候，陪着我一起笑；在我哭的时候，陪在我身边安慰我。然而现实告诉我，我是孤独的。

大学毕业了、研究生毕业了，我仍然是孤单的一个人。亲人、朋友开始劝我找个男朋友，结婚生子。其实，这也正是我内心渴望的，但是，越着急把自己推销出去，越是事与愿违。当同学帮我介绍了几个男孩儿都没有任何结果以后，我才发现，我已经习惯了一个人的生活。正是儿时的独立，养成了我坚强的性格。曾经这是我引以为傲的东西，竟然成了我寻找幸福的障碍。曾经有一个男生对我说，男人要找的是个女人，不是一个女强人，而我就是他们眼中的女强人。

心酸、伤心，更多的是无奈。为了摆脱这种寂寞，除了工作时间，我几乎都泡在网上。听歌、游戏、聊天，只要我不想睡觉，总能找到事做。只是关上电脑之后的那种失落，更让我难以忍受。我告诉自己：不能停止寻找的脚步，我开始不断地改变自己，去适应别人，我相信总有一个人在不远处等着我。

我知道有很多在外面工作的人，都会遇到我这样的境遇，尤其是现在“剩女”横行的年代。对于女人来说，独孤是毒药，侵蚀着我们的青春，我们必须行动起来，摆脱孤独，追求幸福。

【闺房私语】

第一，所有的孤独症都是闲出来的。

女人也可以有事业，有追求。一定要努力让自己的生活充实起来，没有爱情，就把自己的事业经营得风生水起，一个被工作占据了大部分时间的人，没有时间去体验孤独。

第二，打造自己的朋友圈。

一个女人可以没有男朋友，但是绝不可以没有朋友。朋友可以在你生病的时候照顾你，在你无聊的时候陪你逛街，在你伤心的时候安慰你。有了她们，即使在自己最悲惨的时候，也不会觉得自己可怜。

第三，保持良好的健康状态。

可能你会问：健康与孤独有什么关系？告诉你，关系大了。人在什么时候最脆弱、最需要关心，当然是生病的时候。想想自己鼻涕一把，泪一把的时候，身边连个照顾的人都没有。怎么能不孤独、不寂寞。身体是革命的本钱，一点儿没错。

第四，测试你的孤独感。

那么，如何界定孤独呢？姐妹们，如果你具备下面10条以上，就该引起你的注意了。

1. 已经到了奔三的年龄，仍然进进出出的一个人。一个人住，晚上加班回家，屋里永远没有灯光。

2. 身上最重要的东西是钥匙，家里最重要的东西是闹钟。房间总保持不整洁的状态，认为这样有人气，一旦整洁就觉得害怕。

3. 夏天的时候，包里永远放着一把伞。偶尔一次换包，忘记带伞，正赶上下雨。躲在办公室里傻等，没有人来送伞，也没有人关心有没有吃晚饭。想找个人帮忙送伞，翻遍了电话簿，却找不到合适的人。

4. 独自在街道上游荡，看着街道上熙熙攘攘的人群，那些欢笑着的脸孔，却想不明白他们有什么可高兴的。再怎样热闹，再怎样繁华，感觉这一切都与你无关。走在人群中，不经意间抬起头，却找不到一张熟悉的面孔……

5. 一个人蜷缩在床上，无法入睡，脑子里竟想着莫名其妙的问题，突然感觉世界好安静。从枕头下掏出手机，想找个人聊聊天，却发现你不知道该打给谁，于是，无奈的又塞回枕头下，把被子抱得更紧一些，睁着眼睛等待着入睡。

6. 你恨一些人，一些事，甚至恨着这个世界，你总是在想，为什么是你，为什么总要由你来承受一切痛苦，你只想做一个普普通通的小孩子，开心过完自己的童年，读书，找工作，恋爱……可是，这么普通的一切，对于你，却如此的困难……

7. 常上 MSN，常上 QQ，对着一大堆陌生的名字发呆，有时候也会在各个分组里翻来翻去，却从来没有找过谁。周末的时候，晚上上网，白天睡觉，家里准备一大堆好吃的，只是为了躲在自己的窝里不想出来。

8. 你习惯一个人在人行道上手插口袋漫步徜徉，没有目标，没有终点，你只是想这样一步一步地走下去，走到自己筋疲力尽为止。你也会在闲暇时，登上一辆没坐过的公交车，随着它坐到终点站，再乖乖地坐回来。

9. 你会打开电视机，嘴里吃着零食，看青春偶像剧。遇到无厘头的情节会一个人傻笑，看到男女主角天各一方，

你也跟着傻傻地掉眼泪。

10. 手机铃声很少响起，偶尔想起一次，兴奋地拿起来一看，不是银行的促销短信，就是10 086的提示短信，索性将手机丢在一边，一个人去做自己喜欢做的事。

11. 你一直沉醉在回忆里，不愿意醒来。你想起以前和朋友在一起的场面，便会微微发笑，你想起以前的一些窘事，便会微微脸红，你想起以前的一些无奈，便会轻声长叹，你想起了她/他，便会死死的咬住下唇，你害怕自己会哭出声来……

12. 同事失恋，找你去陪她喝酒；听同事大哭着诉说失恋的难过，自己心里很乱，却不知道该想起谁。

13. 你偶尔会去泡吧。在酒吧里点一支啤酒，听着震耳欲聋的音乐，看着舞池里扭动着的人群，想像着，如果音乐突然停止，这些人看起来是不是像群疯子。然后，随着炫目的灯光，脚轻轻地打着拍子，静静地享受这种腐败的气氛。

14. 学会不在人前哭泣，学会不再透露自己的感情，朋友们会说你冷血，你却只是在那里微笑。因为你知道，眼泪解决不了任何问题。但是，你会去电影院里看一部悲情的片子，借着剧情名正言顺地泣不成声，放任自己的感情，把所有的委屈和不满都发泄出去！

15. 参加一场聚会，喝很多酒，却一直没有醉倒，眯着眼睛看这个世界，心却不知游荡到了哪里。独自去洗脸台，泼了点冷水在脸上，然后看着镜子一个人傻笑。醉后，世界好美。

美丽网恋会发生在你的身上吗

网络世界，令人流连，使人缱绻。它虽在现实世界之中，却超脱于现实世界之外。现实的残酷更衬托出网络世界的美好与可爱。它是一个美丽的桃花源，在这个没有杂质的世界里，男女相遇，往往一见钟情，牵肠挂肚。

身边有热衷网恋的人，也有对网恋嗤之以鼻的人。也许昨天还大声疾呼网恋的危害性，明天就遇到了真命天子。世事无常，网事也无常。

丽君就是一个极度鄙视网恋的人，在她看来，网恋是一群无聊之人的野蛮游戏。她还曾信誓旦旦地对我们说“自己坚决不网恋”。对此，我只是置之一笑，心想这事谁能说得准呢？没想到，真的被我言中。即将毕业的时候，丽君就遇上一段疯狂的网恋。

临近毕业的那段时间，学校的课程都结束了，考试也都顺利通过。唯一要做的就是等待毕业证和毕业典礼。忙碌了四年的同学们，终于有了大把大把的时间来挥霍。平时只顾学习、没谈过恋爱的，忙着寻找一段“黄昏恋”；平时不爱学习的，更是有了疯玩儿的时间和借口。每个人都显得很忙碌，很浮躁。丽君正是在这个时候，遇到他的白马王子的。

据丽君自己交代，他们是在校内网上遇见的。最开始是相互在校内上留言，进而聊 QQ，打电话，最后见面。对于丽君这段发生在特殊时期的爱情，我们并不看好。以为毕了业大家就分道扬镳了，没想到的是，丽君竟然创造了奇迹。两个人异地恋坚持了两年，后来男朋友为她换了工作，到了她所在的城市。据说，现在已经快要结婚了。一对相爱的人，终成眷属，多么美丽的童话。

【闺房私语】

第一，精神空虚的人不要网恋。

记得上学的时候，班里有几个不爱学习的同学，经常逃课泡网吧。对于他们而言，学习、考试，都提不起他们的兴趣。没有理想，没有抱负，处于精神极度空虚的状态。他们总是在不断地寻找依托和刺激，他们在为空虚而苦恼。于是，他们不自觉地向着网络这个虚拟的世界奔去，希冀着得到心灵的默契，精神的解脱。

对于他们而言，网恋是常态的，像是毒瘾，难以戒掉。他们总是走马观花地换对象，沉溺于这种虚拟的感情中难以自拔，甚至对现实中的事物提不起兴趣。时间一长，精神状态极其不好，感觉跟现实生活脱节了。

第二，追求完美的人不要网恋。

对于一个追求完美的人来说，生活是一件很累的事，因为现实生活中存在着很多瑕疵。偶尔遇上一段网上恋情，没有争吵，没有误解，她们开始把对方想像成完美无缺的人。然而，感情升华到一定程度，终究会落实到现实生活中。一旦发现对方不像她想像中那样完美，对自己的感情是一种伤害。

第三，不要幻想只追求精神恋爱。

有一种人只喜欢柏拉图式的精神恋爱。我的一个同学就曾经跟我说过，她讨厌男人身上的味道，在地铁上，如果有个男人离她近点儿，她会想办法逃开。对于恋爱也是如此，她不能接受男女间搂搂抱抱，亲亲吻吻的。她喜欢的是甜蜜的情话，是精神上的出神入化。的确，精神交流是更美好

的，而网络正是精神交流的最佳场所，但是无论网络世界多么美好，终究要回到现实生活中来，感受实实在在的生活。如果你陷入精神式的恋爱中无法自拔，那么你该醒醒了。

第四，不要因为网恋，破坏现实生活中的感情。

世界之大无奇不有。偏偏有这样一种人，明明在现实生活中有男女朋友或老公老婆，还去网上寻找恋爱对象，不得不说这样的人无聊至极。网络是虚幻的，在网上与你卿卿我我、甜言蜜语的人，不代表现实生活中也与你相配。傻子才会为一段网恋，破坏现实中的幸福。

总之，当你们相逢恨晚，当你们梦绕情牵时，劝你一句：无论情多深，无论爱多甜，可聊、可诉、可思、可恋、可牵、可……但千万不要陷得太深。

单身女人网络防“狼”术

网络这个虚拟世界，是不真实的。当你沉浸在网恋的欢喜中时，一定会把对方想像成世界上最完美的人。你始终相信你的他不仅长相好，人品也是一流的。当然，对方的表现也确实可圈可点，不仅看似才华横溢，还对你关怀备至。然而，哪怕恋爱再甜蜜也不能放松警惕，因为有一类色狼，专门潜伏在网络上，伺机对单身的美女下手。

他们见到美女毫不自制，想尽一切办法将其搞到手，得手后再将她抛弃。在他们眼里，没有道德底线，对于这种人，我们一定要认清此类色狼之真相。

1. 苍蝇型色狼。发现这类色狼，只需要观察他的眼神。与这种人初见面时，你说一，他附合一，你说二，他回答二，完全心不在焉，眼神不断往你胸部，唇部游移，目光灼灼，口水横飞或不断吞咽。这种色狼一般是没见过大世面，能和美女交谈已经兴奋异常不能自已了。当然，他们当中也有个把胆大的男人，当有机会单独与你相处时，他们会伸出汗湿的手，在你最敏感的部位周围打下印迹。

2. 自命不凡型。这种类型的男人已婚、未婚的都有。多半是有才华或者有钱或者有长相，他们不会太难看和寒酸。因为自己有优越感，于是显得格外自信，或者是骄傲吧。看到美女，直接上前，毫无顾忌，一副我喜欢你，是你的福气，你怎么会不喜欢我这样的男人呢？他们有很多机会结识美女，所以对美女的态度是拿来主义，常常用美食和贵重礼物诱惑美女。他们对大多数美女都会如此，决不吝啬金钱，因为他们明白，要上女人的床总是要付出代价的。一般来说越容易上钩的女人，被他们喜欢的时间越不长久，反而是那些不断拒绝他们的美女，会得到他们的青睐。

3. 恃强凌弱型。这类男人多半身材比较强壮，可能有些家庭背景，素质不高，脾气较暴躁。见到自己心仪的美女，一定不会放过。他们不懂得怜香惜玉，不懂得花言巧语，只凭力气蛮干。这种男人多半混迹于中小城市，所以女人们要躲远一些。

4. 多情才子型。这种男人多半有才有貌，钱虽不多，却足以吸引那些渴慕才华却不执著财产的优质美女。因为是才子，所以未免多情，他们对美女的标准研究得十分深透，他们更喜欢有曲线的美女。见到美女口才会突然变好，故事连连，惹美女们爆笑不断，从而对其幽默、博闻有些好感。这类男人不过是多读了几本书，记性也稍稍强于常人，所以懂得到处翻炒书里的冷饭。真正有知识的美女，是不会被这些花招迷惑的。

【闺房私语】

第一，三十六计走为上。

网恋升温，总要见面的。如果见了面发现对方有色狼潜质，一定要想办法脱身。可以提前跟朋友约定好暗号，一旦发现对方色狼现身，赶紧让朋友来救驾。

第二，对待色狼行为绝不手软。

如果网上的绅士变身大灰狼，对他一定不要手软。轻则小声警告，重则将其色狼行为公布于众，绝不能给他们留情面，免得他们继续出来坑害良家少女。

骑着白马的不一定是王子

每个女人都曾有过“公主”梦，期盼自己的身边出现一个白马王子。当现实中无法找到意中人时，她们便将目光放在了网上。但是，在网络这个虚幻的面纱背后，自称是“王子”的男人，就一定是王子吗?

蓝颜和高岗是通过网络认识的，一开始是高岗加蓝颜 QQ。蓝颜没怎么理他，说自己不喜欢聊天，也不会聊天，可是高岗总是死乞白赖缠着蓝颜，和她说话，后来不知不觉就聊上了。渐渐地，蓝颜感觉他说话很有趣，而且特别会撒娇，感觉和他聊天很开心。

过了一段时间，高岗要了蓝颜的电话号码，经常半夜给她打电话，把她从睡梦中叫醒，朦胧中听到有人说想你，是件很幸福的事。后来高岗要求和蓝颜见面，说见面了才算真正在一起，还说他只喜欢她一个人，以后会对她好的。蓝颜之前没有什么恋爱

经历，又是刚进入社会，接触的异性很少，根本就不懂得人心险恶，很容易就相信了他。

趁着休息，他们见面了，高岗和他的一个朋友带蓝颜去玩儿。后来很晚了，蓝颜说她要回去。高岗不同意，说一个女孩儿夜里打车不安全，要送蓝颜回家。当时蓝颜很感动，竟然有这么细心的男孩儿，觉得他是可以信赖的一个人。可最终的结果是，他把蓝颜带回了自己家，理由是太晚了。

本来说好了，蓝颜睡床，高岗睡沙发，可是他根本没有离开的意思，而且一直在哄蓝颜，说很多的甜言蜜语。就这样，他们在一起了。后来回想起来蓝颜才发现，他是那么老练，说话的语气，所做的一切都那么轻而易举，很容易让那些单纯的女孩掉进他的温柔乡里。

就这样他们交往了一段日子。期间，高岗的一个朋友曾经加过蓝颜的 QQ，好心提醒她，高岗不是什么好人，很花心、也很坏，除了蓝颜以外还有别的女朋友。还说，蓝颜是个好女孩儿，不希望她被高岗害了。但是这些话对于恋爱的中的人来说，完全不起作用。

蓝颜在经济上要比高岗好很多，交往不久以后，他开始向她借钱。蓝颜问他借钱干什么，他说有用，而且总说自己没有钱，工资不高。于是，蓝颜总是毫不犹豫地给他买东西。

日子一天天过去。后来有一天蓝颜去找他，无聊的时候，借他手机玩游戏。无意中发现，他的手机里有很多不同的女孩儿发来的短信，称呼都是老公。难道，他真的有很多女朋友吗？蓝颜的大脑一片空白，她随便捡起一个电话号码拨了过去，对方说："什么事儿啊？老公，又想我了？"蓝颜无声地挂了电话，整颗心都碎了。

蓝颜走后，高岗给她打了很多电话，发信息说他对那些女人都不是认真的，心里只有她一个人。还说他会改变，因为只有蓝颜是真心对他好。听了这些话，她的心又软了，最终原谅了他。可是，后来这样的事又发生过很多次，蓝颜终于彻底绝望了。

如今，蓝颜离开了他，但付出的感情已经收不回来了，自己受到了很深的伤害。她很后悔当初那么轻易地相信他，把自己的一切都托付给他。蓝颜曾经天真地以为自己遇到了白马王子，谁知道他只不过是骑着白马的妖精。很长一段时间内，蓝颜都无法从这段不堪的感情中挣脱出来，甚至不敢再去相信任何人。

【闺房私语】

第一，多交往，少付出。

网恋带有很强的迷惑性，因此，网恋中的姐妹一定不要被男人的外表所迷惑。在完全了解对方之前，一定不要轻易付出。多接触他的亲戚和朋友，看看他们是如何评价他的。千万不要被感觉迷失了双眼，忽略别人的意见。感情是盲目的，但是，头脑应该是清醒的，只有经过深思熟虑的感情才是经得起考验的。

第二，对甜言蜜语的男人要小心。

很多女人都喜欢会甜言蜜语的男人，她们很享受那种被宠的感觉。如果将甜言蜜语和宠爱划等号是很愚蠢的行为。男人的甜言蜜语通常是为达到某种目的而放出的饵，一旦你丧失理智，很容易成为上钩的鱼，进而成为餐桌上的晚餐。

对于一个男人来说，我们应该看重的是他的行动，而不是承诺。当一个男人用实际行动来对你好的话，那才是真的好。

第三，要认清一个男人，多接触他的朋友。

俗话说“人以类聚，物以群分”，一个人的朋友圈或多或少地能反映出他的为人和品性。如果他周围的朋友都是诚信、厚重之人，这个人应该错不了；如果他周围的朋友都是浅薄、不入流之人，那么赶紧离开他。

每个人都想找到自己的白马王子，但王子毕竟是少数，鱼目混杂的网络中更是极为珍贵。因此，面对雾里看花的网恋，需要有一双慧眼，如果没有，别轻易尝试。

身为“贵族”买不起网恋的单

有时感觉在这个城市里生活就像装在罐头里的咸鱼，除了偶尔出来透透气，其他时间就在办公室那个沉闷拥挤的狭小房间里，或者回到出租房的那个局促单间。说像咸鱼，主要是因为它很难翻身。这样的生活使卢欣的神经早已习惯麻木不仁，可是每当看见一对对恋人从身边经过，他们的甜蜜，他们的争吵，他们与世隔绝的二人世界让她更加觉得自己是那么的孤单寂寞。

现实生活中找不到情感的寄托，于是就与大多数人一样沉迷于虚幻的网络世界。春江花月夜是卢欣在网上玩斗地主时认识的牌友，他说他是个孤单的老男人，同卢欣一样每天的生活除了上班就是回家上网玩游戏。他也特别喜欢玩斗地主，开始他们只是在游戏中交流，后来就互相加为好友，经常在QQ上视频聊天。他的外形不错，脸型酷似温兆伦，眼睛不大，眉毛很浓，这是卢欣喜欢的类型。春江花月夜说他很喜欢卢欣脸上的酒窝，他妈妈也有个酒窝，和卢欣的很像，男人说这样的话无非是在证明他对你很有好感，这时的卢欣心里在暗喜，他们的关系一直这么暧昧着。

有一次，卢欣在工作中遇到了一点麻烦，被老板臭骂了一顿。委屈的她很想找个人安慰一下自己，于是她想到了春江花月夜。见他的头像是亮着的，卢欣给他发了一条信息：

你在吗？心情不好，想见你。

他很快就回了信息：怎么了？

被老板骂了，好想哭啊，借你的肩膀靠一下。

好，晚上西单大悦城见。139……，我电话。

知道了，晚上见。

想到晚上要见他了，卢欣激动极了，甚至连被骂的事也抛到了九霄云外。后来她才明白，什么需要人安慰，根本就是借口吗，像她这种超级无敌没心没肺，这点事情自己就能消化掉。

借口也好，需要安慰也罢，他们就这样见面了。春江花月夜跟视频里没什么区别，只是本人更瘦削一些。那天晚上，他们吃饭、看电影，俨然情人一样穿梭在人群之间。像所有俗套的故事一样，深夜，男人送女人回家，恋恋不舍地告别。

见了一面，卢欣开始想他，想他的帅气，想他的温柔。而他仍然在网上对卢欣关怀备至，但是绝口不提再见面的事。卢欣开始胡思乱想，是不是他不喜欢她，难道上次见面自己表现得不好。不行，这么好的男人，不能就这么放弃。于是卢欣主动出击，争取第二次约会。跟他联系的时候，她的心是悬着的，生怕会被拒绝，那样无论是面子上，还是情感上她都很难接受。还好，担心是多余的，他答应了。但是，后来回想起来，卢欣倒希望他当时拒绝了自己，这样也就没有了后面无尽的痛苦。

第二次见面约在中关村。卢欣特意选了一家有情调的饭馆，还要了一瓶红酒，她在心里告诉自己：这样优秀的男人，一定要抓住。一切都水到渠成，席间气氛非常好。饭后，他很自然地送她回家，只是这天晚上他没有离开，住在了卢欣家。

卢欣满心欢喜，眼前的男人终于成她的了，但那只是她的一厢情愿。当从他口中得知他已婚的现实时，卢欣彻底崩溃了。

卢欣质问他："你为什么不告诉我？"

"你也没问我啊。"

“既然你有老婆，为什么还要和我在一起。”

“你要搞清楚，从始至终都是你主动的，我约过你吗？对于女人我一向本着不主动、不拒绝、不负责的态度。”

听了他的话，卢欣一个耳光扇过去，用尽了全身的力气，甚至打得她手有些疼。而他，被眼前的女人惊呆了，十秒钟后，才蹦出一句“不可理喻”，然后，转身离开，留下卢欣一个人在那里流泪。

这以后，卢欣删了他的QQ，删了他的电话，断绝了和他的一切联系，她不能忍受与一个有妇之夫纠缠在一起，不能忍受与另外一个女人去分享一个男人。痛定思痛，卢欣不再上网，更不敢轻易地尝试网恋。因为她无法辨别屏幕背后的人怀着怎样的居心，更无法承受网恋失败后那种钻心的痛。

【闺房私语】

第一，女人主动，小心吃亏。

一个朋友曾对我说过这样的话，男人对于网恋是很想得开的，对于从网上钓来的女人，他们从不认真，一般抱着“不主动、不拒绝、不负责”的态度。如果把这样一种玩世不恭的态度当成真心的话，岂有不受伤之理。

不管是不是网恋，女人都应该保持矜持。男追女，隔座山；女追男，隔层纱。山是靠得住的，而纱是靠不住的。说到这儿，你还会主动吗？

第二，一定要认清那些道貌岸然的人。

那种道貌岸然的男人，多半是有妇之夫，而且是有些财产，受过教育的。看到美女，他们言谈间会流露一些文雅的赞美之词，面部表情多是微笑，眼神里透着和蔼可亲。女人对于这样的绩优股是很难有免疫力的，极容易被他们得手。

如果一个初识的男人，对你有搭肩，抚腰，抚背之类的小动作，看似关怀，实则试探。面对这样的举动，一定要在无声中表现出拒绝之意，让他们知难而退，且不可半推半就，否则后患无穷。

第三，网恋，玩儿不起别玩儿。

不是每个人都能游戏人生，把感情当作儿戏。如果你是一个正统的人，请规规矩矩地寻找一份有质量的感情，不要轻易相信网恋的鬼话。

网恋要见“光”，才能彻底摆脱单身

听朋友们说，张好要结婚了。知道这个消息的时候，我有些吃惊，因为半年前她还说自己没有男朋友，怎么这么快就结婚了呢？

问过朋友才知道，张好与结婚对象是在网站论坛上相识的。两个人都比较喜欢看漫画，于是常去逛一个漫画论坛。由于两人在论坛上都比较活跃，渐渐地就聊了起来。通过交流，两人发现彼此有很多相似之处，于是互留了电话，但谁都没有打过。

一次，论坛组织聚会。张好正犹豫要不要去的时候，刚好接到了那个经常和自己聊天的人的电话，他邀请张好一起去参加聚会。就这样张好和未来的老公见面了。一个温柔小女人，一个绅士美男子，就这样擦出了爱情的火花。

随着感情的升温，两人不约而同地想到了婚姻，于是见过双方家长，开始张罗着结婚的事儿。从相识到相知，再到相恋，一切那么自然，好像冥冥中注定一样。

【闺房私语】

很多人都把网恋当成是洪水猛兽，一提起网恋就联想到欺骗、伤害。其实，网恋是无罪的，网恋也并不可怕。它只是一种特殊的爱情缔结方式，它的背后也承载着真情实感。

在现实生活中，就有很多通过网络相识，在现实生活中见面，进而走进婚姻的例子。然而，无论网恋是否成功，在你尝试网恋的时候，一定要注意以下几点：

1. 相互尊重。在网恋中，虽然电脑两端的人通过文字交流，看不到彼此的模样，也不了解对方的底细，但网络的背后，却是有血有肉的人。每一场恋爱都需要倾注感情和热血，网恋也是一种缘分，彼此应该以真心相待，如果无意与对方恋爱，不要欺骗对方的感情。当对方陷入单相思时，应当帮助对方走出困境，不能落井下石。

2. 寻找真爱。网恋在形式上是虚幻的，但在本质上是实在的，一个人在网上寻找恋爱对象的标准，与他在现实中寻找恋爱对象的标准是完全一致的。在现实生活中他喜欢什么样的人，在网上他就寻找什么样的人。我们常说的“见光死”，就是因为网上的恋人见面之后，发现对方的相貌或气质，不符合他们现实中的恋爱标准。所以，网恋也不可以随便，要像对待现实中的恋人一样，对待网上的恋人。

3. 确保安全。网上比现实生活中充满了更多的欺骗，而且这种欺骗很难被人识破。即使网恋再甜蜜，也不能被虚构的东西迷惑了双眼。与网上恋人见面时，要提高警惕，最好的做法是，忘记网上所说的一切，让感情从头开始，真假由现实来检验，并且尽量避免长途的单独见面。

4. 宁缺毋滥。人都有失落的时候，那个时候最需要的是来自他人的关心。而此时，如果你的身边恰巧出现一个关心你的人，那个人很容易成为你的救命稻草。这个时候，一定要保持冷静，仔细想想自己是不是真心喜欢对方，如果喜欢无可厚非，如果只是想找个人陪自己度过无聊的日子，那你可要小心了，也许等着你的是无限的麻烦。

我们不要因为在网络上就放纵自己的言行，就去爱一个自己在现实中根本就不可能爱的人，不要因为我们在网上交谈甚欢，就轻易地把自己交给一个不了解的人。网恋也要有一定的原则，有一定的标准。我们虽然没有必要抵制网恋，但我们有必要选择网恋，当你与对方的交往能带给你境界上的提升，这样的网恋才值得你考虑。如果网恋带给你的除了痛苦，就是堕落，那么赶紧跟网恋说拜拜。

5. 好聚好散。由于种种原因，大多数网恋都以失败告终。网恋的初期会给人带来新鲜的感觉，但是它很难在现实中生根发芽。现实中的恋爱虽然矛盾很多，但是终归能带给人一种实实在在的温暖。无论网恋多么美好，都只是水中花、镜中月，它不可能取代现实的恋爱而成为主角。而网恋一旦见光，就算不见光死，也未必如网上的美好。因此，当你发现网恋并不像想像的那样美好，也无法走入现实的时候，适时地结束它是一个明智之举。静静地分手，默默地祝福，时时地问候，给网恋画上一个完美的句号，千万不要反目成仇，相互攻击。

第六章　“剩女”，别为“情”字所困

每个“剩女”的背后都有一段缠绵悱恻的爱情故事，她们在悼念自己逝去的爱情的同时，还要面对来自社会各界的压力。在这样的情况下，剩女需要更多的同情的理解。

在“剩女”行列中，有很多人是“女而优则剩”。然而，无论她们如何优秀，终究难逃感情问题……

与过去说“拜拜”

在我认识的所有人中，我再没见过比李晨更痴情的女人了。和男友已经分手 5 年了，依然孤单一人。从如花的 25 岁，等到 30 岁，不知不觉已经走入了大龄“剩女”的行列。不是她找不到男朋友，追求她的人不少，家里更是心急火燎地找人帮她介绍，但是，没有一个能走入她内心的。李晨曾跟我坦白过，她无法忘记自己的前男友，尽管已经过去这么多年了，心里的位置仍然为他留着。

然而，30 岁的年龄，再也等不起了。李晨的妈妈铁了心要给她找个婆家，甚至不惜以死相逼。老母亲使出这一招，李晨实在招架不住，终于，她乖乖地跟着母亲去相亲。对方对李晨很满意，在没征求本人同意的情况下，李妈妈独自做主，让李晨和对方交往。

那是一个腼腆的男孩子，不太爱说话，但是很善良，对李晨也很好。尽管心里知道李晨不想和自己交往，但是仍然小心翼翼地维持着这段感情。偶尔，李晨也会为他的关心所感动，但他始

终无法占据心中那个最重要位置。

就这样不痛不痒地交往了半年时间。由于双方都是大龄青年，家长都着急想把婚事办了。两家聚在一起，商量结婚的事。

李晨之所以顺着父母的意思与对方交往，就是想让老妈放心，不再逼自己，让自己过几天消停日子。没想到，现在要动真格的了，想到自己将要嫁给一个不爱的人，李晨还是无法接受。她找到那个腼腆的男孩子摊牌，说不想结婚。这四个字深深刺痛了与她交往半年的男孩，最终离她而去。

或许已经习惯了有人陪伴，男孩子的离开，让李晨有一丝心痛。但她始终不明白，为什么自己对前男友以外的男人会有一种本能的排斥，难道一次失败的恋爱要影响自己的一生吗？

痛定思痛，李晨决心忘记那个影响了自己 5 年的男人，给自己和那个爱她的人一次机会。只是，她不知道那个爱她的人会不会再回到她的身边。

【闺房私语】

第一，不要活在回忆里。

如今很多单身的人，都是因为在感情里受过伤害，本能地排斥新的感情。她们或是无法忘记前任，或是不想再受到伤害。无论是什么原因，我始终无法理解这些人的情感。人不能永远活在回忆里，无论是好的，还是坏的记忆，都让它随风而去，只有当下才是最值得珍惜的。

第二，勇敢追求新的幸福。

因为一次或者几次感情的失败，就不敢开始新的恋情，这是懦夫的所为。我特别欣赏这样一句歌词“爱，要越挫越勇。”只有百折不挠才能拥有幸福，这是毋庸置疑的。

第三，珍惜身边的人。

活在过去，就不能正视现在。既然不能在一起，就彻底地放弃。时刻扭头看看身边的人，只有那个默默陪在你身边的人才是最值得珍惜的。

对他最好的“报复”是——获得真正的幸福

齐鑫说她这辈子都不会忘记男友转身离去的那一幕。她和男友相识5年，相恋3年，她曾经以为任何事情都不会将二人分开，没想到如今他的怀里已经依偎着另外一个女人。

忘不了不是因为爱得有多深，是咽不下这口气。回忆在一起的三年时间里，不知自己为他洗了多少件衣服，做了多少顿饭，本应是无忧无虑的公主，却把自己变成了任劳任怨的小媳妇，没想到换来的是这样的结果。

齐鑫的心里充满了对前男友的恨，如果这恨意找不到出口，她觉得自己无法生活下去。于是，她写了一封长长的邮件，将那个负心男人的所作所为描述得淋漓尽致。然后，登陆邮箱，给自己认识的他身边的每一个人抄送一遍。做完了一切，齐鑫在心里笑了，这是你应得的报应。

男友来找齐鑫时，是歇斯底里的，他的眼里在冒火。一个现代陈世美的所作所为被公布于众，任谁都会发火。齐鑫只是冷笑，说：“这是你欠我的，你活该。”看着男友张开又合上的嘴，齐鑫有一种报复的快感。无奈，男友只甩下一句“你放了我吧，我们彻底完蛋了。”便逃离了齐鑫。随着男友的离开，快感被更剧烈的心痛所取代。此后，齐鑫更是想尽办法让前男友难过，不是想挽回，而是要折磨他，即使这样并不能让自己快乐。

这样过了大半年，齐鑫把大部分精力放在她的复仇事业上，

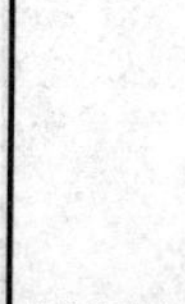

不修边幅，不思进取。直到有一天，领导把她叫到办公室，对她这段时间工作上所出现的失误进行清算时，齐鑫才意识到，是该改变的时候了。

齐鑫请了一星期的假，把自己关在家里，彻底与外界隔绝。她把所有与前男友相关的东西都整理出来，装在一个袋子里准备扔掉。然后，是彻底地放松，吃饭睡觉，不去想任何事情。最后一天，她找出自己的工资卡，先去理发店换了个发型，再去给自己买漂亮的衣服，从里到外换了个遍。当回到家里看着镜子里全新的自己时，齐鑫感到前所未有的轻松。

再去上班的时候，齐鑫像变了一个人似地，她把更多的精力放在工作上。效果很显著，得到了领导的表扬，不仅升了职，还加了薪。齐鑫更加自信了，总是把自己打扮得漂漂亮亮的。幸运之神再一次降临在齐鑫身上，上帝赐给她一个成功、体贴的男朋友。

一次朋友聚会上，齐鑫不经意间与前男友相遇了。她很和气地与他打招呼，然后离开。齐鑫发现，自己终于释怀了。

【闺房私语】

第一，背叛你的人，不值得你花一辈子的光阴去报复。

无论多么痛恨一个男人，也不要向他报复。用自己一辈子的幸福和青春来报复上一段感情不划算。你的幸福就是对他最大的报复。

第二，让自己的事业更成功。

事业永远比男人可靠。男人可以走掉，但是事业不会。把报复前任的时间花在事业上，你会得到更多的快乐。

第三，让自己变得更漂亮。

如果前任看到你越来越漂亮，一定会后悔当初没有娶

你。报复只能让你身心疲惫，一个充满仇恨的女人老得更快。忘记，做一个优雅的女人；报复，做一个黄脸婆。你会选择哪一个呢？

第四，别花时间在报复上。

与其花时间去报复一个坏男人，倒不如花时间去找寻一个好男人。找到一个好男人，就是对一个坏男人最好的报复。

第五，报复计划中，没有赢家。

报复计划失败，有一个输家，那就是你自己。报复计划成功，则有两个输家——你和他。走上了复仇之路，你永远是一个输家。何不把时间花在寻找幸福上。

剩，要剩出高姿态

有些女孩儿，提起自己的“剩女”身份，总会表现出不好意思的表情。这也难怪，在婚恋问题上，男女从来没有真正的平等过，甚至有人用“男人三十一朵花，女人三十豆腐渣”来描述男女之间的差距；然而，也有一些女孩儿，对于剩女这个称呼，只是轻声地回应一句“一个人也挺好”，扭头继续过自己的小日子，并且过得风生水起。

雪飞是常人嘴里所谓的“三高”女子，高学历、高个头、高工资，可是这么优秀的一个女子，竟然玩起了单身的游戏。很多朋友看到她，都问，为什么还不嫁人？隐含的意思，好像是她嫁不出去一样，连母亲都说，挑来挑去，最后会挑个最差的。听到这样的话，雪飞并不生气，因为她跟他们的理解不同。虽然还没有伴侣，但是她要珍惜每一天，把日子过得丰盈而水润，有滋味，她相信自己一定会找到那个要找的人。

在没有男朋友，没有约会的日子里，雪飞仍然忙得不可开交，首先要努力把工作做好，然后是充电。她说在激烈的竞争中，有了本事才能站得住脚跟，男人同饭碗比起来，算什么啊？事业才是大的方向。当然，雪飞也是注重生活品质的，并没有因为一个人就胡乱对付。偶尔与朋友逛逛街，给自己买漂亮的衣服。还会学做一些小菜，来犒劳自己。在外人面前，她永远是那个能干、有情趣的小女人。在懂她的人眼里，她“剩”得悠然自得，“剩”得理直气壮。

然而，对于“剩女”的身份，萧萧却有着截然不同的态度。也许是家里逼得太紧，萧萧每天都想着怎样找到一个男人结婚，于是大规模地相亲，朋友介绍的，亲戚介绍的，老师介绍的，反正，有人介绍她肯定欣然前往。用她自己的话说，她不是在相亲，就是在去相亲的路上。

但结果总是让人失望，不太优秀的男人她看不上，而优秀的男人，似乎对她并不来电，他们更在意的是事业。等到三十的时候，萧萧实在等不下去了，和一个父母认为条件还不错的人结了婚。尽管没有人再向她逼婚，也再没有人说她是“剩女”，但是萧萧明白，自己并不快乐。柴米油盐的生活、夫妻间的争吵更令她无奈。

【闺房私语】

第一，要相信自己是“女而优则剩”。

尽管社会对剩女的态度仍不够包容，但是，女人对自己应该怀有自信。应该清楚，自己并不是嫁不出去才被迫选择单身，单身只是自己选择的一种生活方式。

第二，宁缺毋滥。

不要因为害怕惹人非议，抓到一颗救命稻草就草草结婚。那样对别人不负责任，对自己也不负责任。凑合的婚姻迟早会出问题，坑害的是两个人的一生。

第三，不要将择偶标准一降再降。

一再降低标准，会给人一种商场大甩卖的感觉。在择偶的过程中，绝对不能自降身价，应该学会保值。

第四，婚姻不是爱情的跳板。

有人信奉婚姻是爱情的跳板，找到一个有身份有地位的男人，无疑鲤鱼跃龙门，妇以夫贵，自此身价百倍，而爱是件无关紧要的东西，有了更好，没有也不至于毙命。

有很多女人就是这样剩下来的，女人对于拜金女就如此讨厌，更何况是男人呢？如果你也有这样的想法，只能说活该你剩下。

提前防范闺蜜变情敌

《失恋 33 天》中，黄小仙被自己最好的朋友抢走了男朋友，这一幕给很多女性提了个醒，原来第三者并不遥远，很可能就是自己身边最亲密的那个人。这不仅仅是恋爱中女性应该警觉的事情，作为单身女性，提前拥有防范意识，能够避免我们遭受同样的伤害。

李冰和方芳是最好的朋友，她们从小一起长大，上学放学一起回家，回家后一起做作业，有的时候赶上谁家大人不在，还会彼此作伴。

长大后，两人都考入了大学，虽然不在同一所学校，但在同一座城市。周末的时候，两人会凑到一起过周末，诺大的城市，有了彼此作陪觉得不再害怕。

大二的时候，李冰恋爱了。她经常把男朋友介绍给自己的朋友认识，因为她觉得如果爱一个人，就应该让自己周围的人知道他的存在，这是对他最起码的尊重。而方芳是自己最好的姐妹，为了不让她觉得自己谈恋爱就冷落了朋友，李冰约会的时候总会叫上方芳一起。由于大家都是年轻人，性格又都很随和，三个人相处得很快乐，他们一起爬山，一起学习，一起去看电影，用方芳的话说，自己就是一个小尾巴、大灯泡。

有的时候，李冰会和男朋友闹一些小矛盾，这个时候方芳就充当说客的角色，想方设法从中调节。偶尔，方芳有什么事情需要帮忙，李冰和男朋友会第一个出现。渐渐地，习惯了这样的生活以后，如果哪天方芳因事缺席活动，男友就会觉得没有三人同在的兴致。对此，李冰并没有觉得有什么不妥。她甚至觉得自己是天下最幸福的女人，因为她同时拥有最完美的爱情和友情。

然而有一天，李冰的梦碎了，她同时失去了爱情和友情。一天下午，李冰和同事去逛街，在一家餐厅靠窗的位置上，她发现了两个无比熟悉的身影。只见两人含情脉脉地看着对方，这种眼神是情人之间才有的默契，却出现在自己的男友和最好的朋友之间。

李冰崩溃了，她两眼茫然，像怨妇一样自言自语道："怎么会变成这样？"

【闺房私语】

第一，让闺蜜与男友保持距离。

你可以把男友介绍给你的闺蜜，但是不要让他们过于亲近。一定要让他们之间保持一定的距离，不给他们单独相处的机会，尤其是闺蜜各方面条件都比你优秀的时候。不要傻

傻地以为他们之间不会产生感情，一个男人，一个女人，又不是直系亲属，凭什么不会擦出火花，也许产生感情只是几秒钟的事。

更不要傻傻地用闺蜜去试探你的男友，看看他对你是不是真心的。人性有时候是经不起推敲的，在爱情世界里，钓鱼执法使不得。

第二，不要在闺蜜面前经常夸男友。

陷入爱情中的女人，会时刻把自己的男友挂在嘴边。嘴里念叨着他的成功，他的温柔。女人天生就有嫉妒心，闺蜜听烦了你的碎碎念，轻者，会对你的炫耀嗤之以鼻；重者，会对你的男友虎视眈眈，伺机抢过来，以证明自己的魅力。

第三，尽量少在男友面前提闺蜜。

为了证明你们的交情不一般，也许你会不断地在男友面前提起闺蜜。闺蜜的糗事、闺蜜最喜欢的明星、甚至闺蜜的三围尺寸，你都会无意中透露出来。于是，闺蜜在男友心中成了一个特别的人——他们彼此熟悉，却又不曾真正进入对方的生活。这样一种奇妙的感觉，正是刺激他们之间感情迸发的原因。

第四，四种闺蜜最易成为情敌。

1. 美女。男人都是视觉动物，对美女天生没有抵抗力。如果你的男友足够优秀，切不可拎出来在美女闺蜜面前炫耀，小心落入他人之手。

2. 才女。才女是一种腐蚀剂，她们具备一种水滴石穿的魔力，时间长了，很容易走进男人的内心。

3. 贤惠女。贤惠的女人像一杯酒，时间越长，越沁人心脾。一旦习惯了有她们的存在，就很难离开。

4. 富家女。金钱不是万能的，但是没有钱是万万不能的。娶一个富家女，可以让自己少奋斗十几年，如果换做你，这样的女人对你有没有吸引力呢？

选择适合自己的爱人过一生

婚姻是一个女人不可逃避的问题，将来的婚姻质量如何，一半取决于我们找一个什么样的男人。这并不是说找一个有钱的男人，婚姻质量就高；也不是说找一个没钱的人就一定不幸福。两个人的结合，性格、条件可以互补，但是价值观、生活理念一定是一致的，否则很难幸福。

我身边有两对刚结婚的小夫妻，一对奉行享乐主义，健身、娱乐、旅游，所有的休闲项目都积极倡导。房子和车子是家长给买的，两个人没什么负担，平时的工资只需用来生活开销。于是，他们没有任何攒钱计划，也没有将未来的孩子计划到生活中。有的时候，双方父母会嘱咐两个人攒点儿钱，但是日子毕竟是人家自己的，小两口意见统一，乐得其所，谁又能多说什么呢。

而另一对夫妻却截然不同，是典型的节约主义者。每人手里一个账本，大到买家电的钱，小到买菜的钱，都一一记录在案。他们制定了严格的攒钱计划，养老、育子，每一样都安排得妥妥贴贴。两个人恨不得一元钱掰成两半花，就是坐公车也要考虑是地铁省钱还是大巴省钱。

尽管两对夫妇的生活方式完全不同，但是他们却各得其所，日子过得都很甜蜜。假如将这两对的组合换一换，那么后果将不堪设想。

我就见过一对不搭的夫妻，男的很能花钱，做事没有计划；而女的奉行节俭主义，连买菜都要捡便宜的买。一次，女的过生日，男的给他买了一个手机和一块手表，一共花了将近三千块钱。谁知回到家里，男的不仅没有得到女人一句感谢的话，反而责怪男人不会过日子，竟乱买东西。挺好的一件事，两人竟然闹到要离婚的地步。

婚姻除了性格因素，另外要考虑的就是，你能否在对方面前彻底地放松。

石林与男朋友交往了好几年，男友几次提到结婚，但都没有得到她的热烈响应。不是她不爱对方，只是觉得两个人之间还差点儿啥。一天，石林忽然醒悟，说和男友找不到亲近的感觉。男友有点儿气急败坏，问她怎样才算亲近？石林回答得很诡异，竟然说：“我不愿意当着你的面刷牙。”最终两个人各奔东西。一对多年的恋人竟然以分手告终，很多人都来询问原因，当石林说出自己的理由时，所有的人都觉得她不可理喻，只有石林在心里暗自庆幸醒悟得早，否则自己很难幸福。

【闺房私语】

第一，性格可以互补，生活理念一定要相同。

我一直认为，你是什么样的人都没关系，要紧的是得找一个和你在人生理念上一致的人。所谓萝卜青菜，各有所爱，相信这世上一定有一个欣赏你、和你一样的人。千万别找错了人，要知道，你在一个人眼中的优点也许就是另一个人眼中不能接受的恶行。只有两个认同彼此价值观的人，才能保持步调的一致，获得幸福。

第二，能否在对方面前彻底放松。

你能在对方面前不刷牙、不洗脸、不化妆，可以不顾形象地吃饭，可以把一切最真实的，美好的和丑陋的，善良的和恶毒的，不加掩饰地展现给对方，这样你才算找对了人。

而那种压抑自己的个性，只为了讨好对方的感情不要也罢。为了一份感情，把自己搞得身心疲惫实在得不偿失。

第三，缘分，可遇不可求。

能过一生的人，可遇不可求，不是只要有了时间的积累就可以做到的。但也不能做感情世界里的宿命主义者，什么都等着上帝安排。一个朋友曾对我说过：缘分是给心爱的人架起一座机会的桥梁。只有悉心浇灌，缘分才会来临。

第四，不要随便牵手，更不要随便放手。

感情不是快餐，做得快，吃得也快。感情是煲汤，只有文火才能煲出好汤。悉心经营的爱情最终回报你的必然是永恒。

可以裸爱，不可以裸婚

文章主演的《裸婚时代》，使刘易阳这个角色迅速虏获了许多现实中的女性，但是也同时令女性们意识到，婚姻需要一定的物质基础，否则真的会是“贫贱夫妻百事哀”。能有一个像刘易阳这样的老公是一件幸福的事情，但是单身的女性们也不要完全忽略了经济这个基础。

熊玲和高伟是大学同学，上学期间两人只是见面打招呼的同学关系而已。巧的是，两个人毕业后进了同一家银行，关系自然亲近了许多。渐渐地，两人谈起了恋爱。爱情升温后，他们想到了结婚。但结婚总要买房子的，由于双方家里经济条件都不优越，他们不好意思“啃老”买房。于是，两人决定自己攒钱，付个首付，然后还贷款。可房价涨得远比工资快，要等到两人存够钱买房，然后结婚不知要等到什么时候。

为了早点儿让爱生根发芽，熊玲和高伟自作主张，偷偷领了结婚证。熊玲并没有将领证的事儿告诉妈妈，打算过段时间找到合适的机会再坦白，免得妈妈唠叨、担心。

熊玲就这样成了裸婚族。没有房子，没有婚纱，甚至连戒指也没有，就把婚给结了。婚礼还是办得起的，但是想起那些复杂的礼节，高额的成本，还不如将办婚礼的钱省下呢，这样还可以早点存够房款付首付，早点买房。

然而，纸包不住火，领证的事儿还是被妈妈知道了。一天，熊玲的妈妈去给她收拾房间，不小心将桌上的水弄洒了，水流到了抽屉里。当她用抹布擦抽屉的时候看见了熊玲的结婚证儿。想到女儿连结婚这么大的事儿都不跟自己商量一下，熊玲妈妈气得半天都没缓过神儿来。她当即给女儿打电话，质问结婚的事儿。

熊玲只是轻描淡写地说：“我们想找个合适的机会告诉你，不是存心要瞒你的。”

“结婚应该提前跟我商量，不是事后通知我。亏我把你养这么大，你就这么报答我。”

“您不是同意我们两个交往吗，我们早晚要结婚的，只是个时间问题。”

“那结婚总得像个样子吧，怎么能连房子也没有，婚礼也不办。没车没房也没明媒正娶，多吃亏啊，你真不值。如果以后他对你不好，哭你都找不着调儿。”

母女俩越吵越凶，最后不欢而散。

【闺房私语】

第一，裸婚缺乏物质保障。

感情基础和物质基础是密不可分的，尽管说爱情的力量不可小觑，但是毕竟感情不能当饭吃。一旦结了婚、组成了家庭，就要面对柴米油盐的生活。如果缺乏了物质保证，感情出现危机在所难免。在婚姻生活中，感情和物质都是必不可少的，一旦缺少其中一项，婚姻维持起来就比较困难。

所以，裸婚时可以没有钻戒，可以没有房没有车，但两个人要有一定的经济基础，首先要能保证不为一日三餐发愁，才能考虑结婚。

第二，反对裸婚，并非在意财产。

结婚是人生中的大事，一辈子只有一次，怎么能什么仪式都没有就进入婚姻呢？即使不要求男人有房、有车、有事业，也不能以“裸婚”的方式进入婚姻。钱不够不是“裸婚”的理由。即使没有房子，也不要没有戒指。即使没有蜜月，也不要忘记有一场属于两人的哪怕是郊外旅游。即使没有豪华婚礼，也可以用心办一场小型的聚会，让最亲近的亲朋好友见证幸福。毕竟结婚是一件大事，如果没有任何纪念意义的形式，难保以后不会为一种遗憾，所以可以在经济承受能力范围之内，举办一场难忘却不奢侈的婚礼。

第三，裸的不是爱情，是愚昧。

在裸婚这种现象中，最终受益的是谁，吃亏的是谁，可能不言自明。在裸婚中，男人只需要到民政局花个几十元钱，就可以将心爱的女人娶回家，自然笑弯了腰。从今以后，再也不用为金钱和压力而烦恼不堪。甚至将来离婚都不

用费脑筋，因为娶媳妇的时候没花一分钱，即使离婚也没有任何损失。这就注定了赤裸的婚姻是不牢靠的，到头来受伤害的肯定是女人。所以，姐妹们在选择裸婚之前，一定要看清眼前这个男人有没有能力给自己一辈子的幸福，会不会像刘易阳对童佳倩那样对自己，如果不能还是要慎重考虑一下，毕竟容易得到的东西是不容易珍惜的。

第四，裸与不裸，听听父母的。

父母是过来人，有很多丰富的人生经验，因此，在人生大事上听听他们的。父母反对你裸婚，并不是嫌女婿穷，没给自己彩礼钱。他们是在为你着想，生怕你将来吃亏。如果你明白“父母不会给孩子亏吃”的道理，就听听他们的意见，别一意孤行。如果父母的意见仅仅限于金钱，而与我们将要结婚的人的人品无关，那么我们可以试着说服父母，毕竟我们要嫁的是人，不是钱。

总之，女人要明白一个道理，男人若真爱你，会在他所能承受的范围之内，倾其所有给你最好的，而不是用所谓的裸婚来诠释对你的爱。

第七章　婚后，守好自己的婚姻阵地

相信女性朋友们都听说过这样一句话，干得好不如嫁得好。一句话就道出了婚姻对于女人的重要性。对于事业型女人来说，家庭是其坚实的后盾；对于家庭型女人来说，家庭是她们不变的阵地。我们衡量一个女人成功与否，不仅仅要看她拥有多少财产，更重要的是看她的婚姻。只有把婚姻、家庭经营好，一个女人才能得到真正的满足。因此，单身女人在步入婚姻殿堂前，首先应该知道守好婚姻这个阵地是女人的第一要务。

永远做一个美丽俏佳人

一个著名的婚恋专家曾说：“不要做‘三转’女人，即围着老公转，围着孩子转，围着灶台转。”但是受中国几千年来的封建思想影响，大多数家庭中的女人都是“三转”女人，不知不觉中就转成了黄脸婆。而现实中又有多少好男人是“糟糠之妻不下堂”呢？所以单身的姐妹们，在结婚前就要告诉自己：“千万不能成为黄脸婆。”

夏天看着镜子里的自己，被自己的邋遢吓呆了：齐耳短发，戴一副款式很老的眼镜，穿着随便，皮肤有点黑，素面朝天，看起来很憔悴，用“黄脸婆”这几个字来形容自己，一点都不为过。她在心里问自己，什么时候自己变得如此不在乎形象，这样的我，怎么能留住老公。现在，她终于找到了老公出轨的原因，原来自己有不可推卸的责任。

想当年，夏天和老公是令人羡慕的一对。他们相恋于 13 年前，那时候，他们还在上高中。好多年少时美丽的爱情都开始于此，却难修成正果，然而夏天和老公就是那种极少数能修成正果的幸运爱人。

高二的时候夏天和老公陈刚是同桌，刚做了三天同桌，夏天就喜欢上了他。这个一声不吭的男生是如此地与众不同，眼神忧伤，让人无法猜透他的心思。朦朦胧胧的情感在两个少年之间潜滋暗长，什么都不说，只默默注视着彼此。他们彼此明白心意，却谁也不说破，只努力学习，为两个人的相爱和相守共同努力。

高中毕业后，陈刚考上吉林的一所大学，而夏天考上了当地的一所大学。他们鸿雁传情，感情越来越深，在夏天的大胆表白下，那层纸被捅破了，他们确立了恋爱关系。他们的爱情一帆风顺地成长着，从没遇到过坎坷。

后来陈刚大学毕业，应聘到了沈阳一家公司。陈刚是个诚恳踏实的人，生活和工作都同样认真，凡事尽力做到最好。夏天也毕业了，她面临着人生第一道难题。她的家境不错，父母已为她找好了工作单位，希望她能留在身边，然后找一个家境好一点的男人成家。

但是，夏天舍不得放弃那么多年的感情，她决定跟随陈刚，为了爱情，她什么都可以舍弃。虽然一万个舍不得，开明的父母还是尊重夏天的选择，任由她来沈阳找陈刚。

由于工作难找，夏天在沈阳附近的一个镇找到一份工作，虽然两个人一个星期才能聚一次，但那点距离对爱情来说根本不算什么。送夏天去上班的时候，看到那里艰苦的条件，陈刚哭了，他觉得夏天在那个地方受苦，都是为了他，以后一定要好好对他。

稍稍稳定后，夏天和陈刚结婚了，仍然是异地。虽然每周只能回沈阳一次，但夏天仍然觉得自己是最幸福的女人，只要一想到丈夫，她脸上就是抑制不住的幸福。一有时间她就回沈阳照顾

陈刚，没有娱乐、没有朋友、没有爱好、更疏于修饰。

夏天本来就是个大大咧咧的人，结婚以后，对穿着打扮更不在意，穿衣服以穿暖为原则。而陈刚则是个喜欢浪漫、讲究情调的男人，穿衣搭配都很用心。有的时候，一起出去散步，别人常常以为夏天要比陈刚大很多。偶尔，陈刚也会开玩笑似地抱怨说，再不打扮就成黄脸婆了。对此，夏天只当是玩笑话。她认为一个人只有内在才是永恒的，外表并不重要。再美的外表终有一天也会老的。

夏天仍然日复一日地奔波在两地之间，过着她自以为的幸福生活。

可是，有一段时间陈刚变得很反常，不仅话变少了，在家的时候还关了手机。以前他从来不关机的。并且夏天发现，陈刚的表情有点慌乱，一次，他刚打开手机就来了个短消息，是振动，夏天好奇，想拿过去看看，可是陈刚一把就夺了过去，有点不悦。两个人一起吃饭，如果有电话，陈刚会马上走到阳台上去接。有一次，夏天莫名其妙收到一条丈夫的短信，内容是：江南红豆最相思。自从婚后，陈刚再也没这么浪漫过，很显然，这是一条发错的短消息。

犹豫了很久，夏天去看了陈刚的信箱，在那里，她找到了答案：自己的丈夫竟然和一个女人互称小乖乖。那些信件显示，他们是情侣关系。这个发现让夏天一瞬间从幸福的顶端跌落到了悲伤的谷底。夏天反复告诉自己，要冷静要理智，这之前她一直无比信任这段感情。

夏天周末没回沈阳，她想先让自己冷静一下，她知道任何冲动的行为只会加深他们之间的裂痕。见她没回家，陈刚心里已猜中八九分，他主动去找夏天，坦白了一切：他和那个女孩是半个月前在火车上认识的。那个女孩喜欢文学，温柔大方，富有情趣，而且穿着打扮看起来赏心悦目……

夏天愣住了，那么多年，为了爱情，她义无反顾，把自己都忘了。不打扮，不买衣服，不化妆，不享受，只要能和陈刚厮守，她什么都不在乎。可是，13 年的爱情居然敌不过半个月的邂逅，自己这个黄脸婆终究敌不过一个赏心悦目的女子。

【闺房私语】

第一，做一个美丽的女人。

一直以来，很多女人都以为婚姻是最终的归宿，结了婚就不用再注意形象。她们将全部心思都放在丈夫和孩子身上，而把自己忽略了。一个穿了睡衣、蓬头垢面在小区里走来走去的女人，当然看不出美来。爱美之心，人皆有之，整日对着一个不修边幅的黄脸婆，产生审美疲劳也是人之常情。

俗话说，没有丑女人，只有懒女人。只要女人稍稍注意一下，就能带给男人不一样的感受。

第二，做一个优雅的女人。

作为一个女人千万不要把自己变成黄脸婆。别拿人都会变老、心灵美才是最重要这样的傻话来骗自己。的确，人都会老，但人的优雅气质、自信神采以及活力是不受岁月侵袭的，这种魅力禁得起时间的考验。无论什么时候，女人都不应该遗失自己，得保持自信和美丽的容颜，只有这样才能保住婚姻，保持一个温暖的家。

第三，做一个有内涵的女人。

我非常欣赏杜拉斯的《情人》里的一段话：我已经上了年纪，有一天，在一处公共场所的大厅里，有个男人朝我走过来。他在做了一番自我介绍之后对我说："我始终认识您。

大家都说您年轻的时候很漂亮，而我是想告诉您，依我看来，您现在比年轻的时候更漂亮，您从前那张少女的面孔远不如今天这副被毁坏的容颜更使我喜欢。”

女人的美丽和年龄无关，即使老了，也可以做一个有内涵的魅力女人。

结束单身，婚姻并非爱情的坟墓

钱钟书老先生关于婚姻的“围城说”，吓倒了一部分本就对婚姻有所恐惧的人，很多女性单身至今，原因就是害怕走进婚姻的“坟墓”，其实，并非所有的婚姻都是坟墓，更多的还是一个安乐窝。

赵月是一个出色的姑娘，不仅家境好，人长得漂亮，个人的办事能力也很出众。而相比之下，姜冲就要逊色很多，只是一个普通的初中教师。但是，月老还是把两个人牵到了一起。

家人的反对也没能阻止住两颗相爱的心，两人背着家里去民政局领了结婚证。在没有双方任何亲属的情况下，他们只请了几个平时不错的朋友，在一个小饭店吃了一顿简单的饭，就算是结婚了。那天夜里，姜冲对赵月说：“我必须成功，要让你为我感到骄傲。”

为了让赵月过上好日子，姜冲辞去了稳定但是收入很低的工作，辞职下海开起小餐馆，刚开始创业时，两人吃了不少苦，靠着聪明和勤奋，生意慢慢地好了起来，并且越做越大，涉及的行业也越来越多。三年后，他们已经拥有了想要的一切。随着孩子的出生，两人的爱情终于得到了应有的承认。

然而，有了钱以后，赵月发现姜冲开始找各种理由加班，或者和生意上的朋友一起去吃饭。当赵月发现姜冲和秘书欢欢有了婚外情时，没等她说什么，姜冲反而提出离婚。“还可以挽回吗？”赵月问。“对不起，钱……”他的话还没说完，就被赵月一巴掌打在脸上。自己为他、为这个家付出了这么多，不是用钱就能补偿得了的。还有儿子，难道钱就可以代替爸爸吗？

那天夜里，姜冲没有回家，而是去了办公室。赵月躺在床上，脑子里想的都是过去的事情，那些日子虽然很苦，却一直很幸福，为什么会走到今天这一步，难道过去那么多美好的日子都不如一个欢欢吗？

仔细想来，赵月觉得事情发展到今天的地步自己也有责任，自从有了儿子，她把整个心思都放在了儿子身上，很少去关心丈夫的事情。而在生活上一直都是姜冲照顾她，她未曾有过主动照顾他的意识……

赵月一直相信姜冲还是爱她的，他只是一时迷失了方向，她要挽回他。打定主意，第二天，赵月主动给姜冲打电话，把他叫回家。看他的脸色憔悴了，应该是一夜没睡。他的眼里布满了红血丝。

姜冲没想到赵月会如此平静。赵月提出只要他答应一个条件，就给他自由。姜冲说不管赵月提出什么条件他都会接受。赵月告诉他条件只有一个，就是让他跟自己一起回原来创业那个小饭馆，过七天像从前一样的日子。他有些吃惊，不过最后还是同意了。

他们又回到了最开始创业时的小饭馆。饭馆目前的主人是他们的一个好朋友，他们跟他说想体验一下过去的日子，要借用饭馆七天，朋友很爽快地同意了。赵月跟姜冲都关了手机，也没有带手提电脑。当天晚上，两人挤在饭馆里一张很小的床上睡觉，彼此靠得很近。虽然这张小床远没有家里的大床舒服，不过两人却觉得相互亲近了许多。赵月问姜冲还记不记得以前用身体帮她暖被子的事情，姜冲笑着说已经刻到骨头里了，死都不会忘记。

说完，两人都尴尬地沉默了。

第二天，天还没亮两人就起床了，洗漱完毕，他们去菜市场买菜。姜冲骑着三轮车带赵月。他的身体已经明显不如以前了，没骑几步，就累得汗流浃背了。到了菜市场，两人挑新鲜蔬菜，抢着跟卖主讨价还价，像以前一样，为了一毛钱跟人争论半天。

回到饭馆，赵月负责洗菜、刷碗；姜冲负责切菜炒菜，赵月还是像当年一样给他打下手。每当他炒好一个菜时，赵月都会由衷地赞美："好香呀，真是天下第一大厨。"

七天的时间，两人彷佛又回到了从前。没有公司，没有应酬，没有手机和电脑网络，只有两个单纯的人傻傻地相爱，平淡地生活。每天晚上两人都睡得很香。七天的时间很快过去了，两人回到了现在的家。

路上，姜冲一直紧紧地握着赵月的手。赵月知道，她终于守住了两人的爱。姜冲跟赵月说，他会去见欢欢，跟她做彻底的了断，他的生命不能没有赵月，因为他们早已连在一起了。他还说起了很多人常说的笑话，牵着老婆的手，就像左手牵右手，虽然时间长了，没有了那种怦然心动的新鲜感觉，但却是实实在在不能缺少的，因为那就好比是自己身体的一部分呀！

回到家的第二天，姜冲去了公司。那天赵月很早就从单位回家，等待他的消息。赵月的心里还有一些不安，怕姜冲见了欢欢的面就会动摇，不过如果真的这样，也就没什么可留恋的了。姜冲回到家一进门，赵月就迎了上去。他轻轻地抱了赵月一下，说欢欢是个通情达理的女孩，已经辞职离开了。

然后，姜冲郑重地说："对不起，这次是我不对。谢谢你给我这个机会，否则我肯定会后悔一辈子。"婚姻真的是爱情的坟墓吗？赵月的答案是否定的。如果爱消逝了，那一定是爱情本身出了问题，跟婚姻并没有必然的关系。没有什么感情会一帆风顺，只要心中还有爱，就要牢牢地守住。

【闺房私语】

第一，时刻让自己的婚姻保鲜。

男人出轨，和“冰冻三尺，非一日之寒”是一个道理。深陷热恋的男女眼里是装不下别人的。只有当婚姻让男人感到平淡和厌倦时，他的心才会“蠢蠢欲动”。因此，一个聪明的女人要懂得为自己的婚姻添加作料，时刻让男人感到新鲜如初。面对这样的婚姻，想让男人出轨都难。

第二，懂得防患于未然。

一个聪明的女人，应该懂得把苗头扼杀在萌芽之中。而不是事情败露后，一哭二闹三上吊。如果你真的在乎自己的家庭，不妨仔细观察自己的爱人。如果对方真的有个风吹草动，总能让你发现的。

第三，时刻反省自己。

很多女人意识不到丈夫出轨和自己有什么关系，只认准一个理——男人没一个好东西，吃了蛋糕想吃比萨。

在把责任推给男人的同时，作为女人从来没有认真反省过自己。是什么让男人离自己远去，一成不变的唠叨、邋遢的装束，还有疑神疑鬼的小气。如果你是一位冰雪聪明的妻子，根本不用虎视眈眈，整天一副狼来了的紧张架势。

不仅仅是皮具、汽车需要保养，婚姻也是需要保养的，如果你为老公打造一个温柔乡，又有谁能把他从你的手里抢走呢？可见，婚姻终究是要靠经营的，而你的态度，决定着婚姻的质量。

走第三者的“路”，让第三者无路可走

曾经在网络上看到这样一个段子：说新女性得讲“八得”：上得了厅堂，下得了厨房，杀得了木马，翻得了围墙，开得起好车，买得起新房，斗得过小三，打得过流氓。

咋一看到这个段子，先是一乐，但仔细回味眉头一皱，这其他七得也都合情合理，把“斗得过小三”单独拎了出来意味深长啊。本着防患于未然的认真态度，把这一条上升到宣言的高度，直接贴到自己的 QQ 签名上：走优雅的路，让小三无路可走！于是，有无数人跳出 QQ 来问我：“怎么，遇到感情危机了？”更有好事者为我补了一句，防火防盗防小三。看来，真是一个第三者大行其道的年代，女人不转型，第三者就要被转正了。

男人找第三者，无非是因为第三者年轻，会撒娇，风情万种。我曾近距离接触过一次第三者，着实见识了第三者的嗲。当天，我跟朋友去餐厅吃饭，对面正好坐着一位中年男人和一个妖气十足的年轻女人。只见男人旁若无人地夹一块鱼肉喂那年轻女人，就那样举着，而女人则小口吃着，等女人吃完，男人再喂。看了那情景，跟吃了一斤奶油一样，着实腻人。

当时，就在心里暗自揣测这二位的关系，理所当然把那女人当成第三者。事实上确实如此，没过多久，正室就出现了，接着就是盘子碟子碎在地上的声音，还有吵闹的声音……

一边是第三者的嗲声嗲气，一边是正室的歇斯底里，明眼人很容易分辨出男人的天平会偏向哪端。非要这样对待男人吗？我想女人也真该好好反省反省了。

【闺房私语】

第一，学第三者的风情万种。

女人可以没有美丽的容颜，没有曼妙的身材，但不可以没有风情。第三者常常给人的感觉是风情万种，不食人间烟火的样子。可哪能真不食人间烟火的呢？只不过，她们不会系着围裙为一日三餐着想。即使结了婚，女人也要适当地从繁忙的家务中解放一下，也去搞搞美容，练练瑜伽，喝喝茶。懂得享受了，风情也就出来了。

第二，跟男人要讲情调。

第三者不会跟着男人过日子，自然不用盘算着如何省钱过日子。吃饭讲派头，要有音乐，要有美食，要有红酒，那才叫情调。情调这两字换个位置就是调情，有情调才好调情吗。

因此，妻子也应该不时地浪漫一下。做一桌好饭，开一瓶红酒与男人对饮。男人微微醉的时候，看你的眼神也是温柔的，也会有初恋般美妙的感觉。这样的情境哪个男人不喜欢？

第三，不要遗失骨子里的浪漫。

一般来说，女人都有浪漫的基因。可女人自从成为男人的妻子，让烟火一熏，让油盐一酱，再接着生儿育女，还得常常打理男人，心思渐渐被琐碎事情占据……渐渐成了贱内，成了拙荆，成了黄脸婆，男人就此蠢蠢欲动，接着浑水摸鱼。

女人啊，即使丢点儿钱，也别丢失了骨子里的浪漫。也许当初男人与你结合的时候，欣赏的就是你的浪漫。如果你把本钱都丢了，谈何拴住男人。

防患于未然，假如你遭遇了家庭暴力

从前几年热播的《不要和陌生人说话》开始，家庭暴力就没有再离开人们的视线。作为弱者，女性当属婚姻暴力中的受害者。因此，从现在开始，单身的女性就应该学会怎样避免遭遇家庭暴力。

思嘉和丈夫已经结婚 18 年了，婚前丈夫对她就有过殴打行为。婚后平静了两三年，自从有了孩子以后，他又开始因为一些小事，对思嘉进行打骂。一年冬天，思嘉跟一名男老师在办公室印考卷时关了门，招致丈夫的猜忌，丈夫对她一顿毒打。第二年的春节前的一个深夜，因为一点儿小事二人再次争吵起来，丈夫用巴掌使劲地抽她耳光。思嘉崩溃了，操起床边的剪刀扎伤了自己。

遭到毒打的不光是思嘉自己，女儿也没有逃脱这样的厄运。因为父亲的坏脾气，孩子胆子非常小。只要一听到他的脚步声，就躲回自己的小屋。有时候，女儿对思嘉说："妈妈，我怕，你赶紧带着我离开他吧！"所有的孩子都希望自己的家庭是完整的，能得到父母的关爱，可是自己的女人却说出这样的话，都是丈夫造成的，思嘉恨透了那个男人。一次，丈夫又开始大声骂思嘉，孩子实在听不下去了，就说了一句："有你这样的爸爸我觉得耻辱！"思嘉的丈夫像疯了一样，冲过来猛抽女儿的耳光。

思嘉试着跟丈夫交流过，原来丈夫总怀疑她在外边有不正当的男女关系，但那怎么可能呢？思嘉是一名人民教师，如果自己行为不端，怎么教育自己的学生。再说，女儿都那么大了，即使不为自己着想，也不能让孩子背上父母不检点的恶名啊。

思嘉也曾想过离婚，但亲戚们劝说、丈夫签保证书，让她一次次打消了这个念头。就在最近，她终于忍受不住了，向法院提

出了离婚请求。

可是她的丈夫却说：“如果不是在气头上谁会动手打人？谁没有个不顺心的时候呢，我没想把这个家拆散，只想和你好好过日子，是我的错，以后我一定改，都这个岁数了，还折腾什么呀。”听丈夫说出这样的话，思嘉的心又开始纠结了。

思嘉的烦恼，黄宇也同样经历着。虽然黄宇没有挨过丈夫毒打，但是冷暴力比毒打更加可怕。黄宇爱好文艺，尤其喜欢拉丁舞，于是特意报了一个辅导班学习拉丁。通过上课，黄宇认识了一些朋友，大家经常会坐在一起聚聚。有的时候，为了练舞蹈，黄宇也会晚回家。而黄宇的丈夫刘辉却是一个内向的人，他喜欢安静地待在家里看看书，黄宇经常很晚回家让他心里很不舒服，甚至有些气恼。刘辉开始故意设置一些障碍来限制妻子的活动，并规定她在晚上 8 时一定要回家。

“由于拉丁的课都是晚上 7 点开始的，自己的家离俱乐部也比较远，路上来回也要半个多小时。每堂课要 40 分钟，老公给我一个小时的时间，根本就不够”。黄宇说，“如果晚回去了，老公就会和我吵架，或者一个晚上不理我，这对我来说就是精神上的折磨。”

后来，刘辉还故意在黄宇出门之前让她做这做那。尤其是有一次，晚上 7 点有舞蹈比赛，黄宇要去参加。晚上 6 点，做完家务的黄宇打算换好演出服出发，可是却怎么也找不到演出服，黄宇明明记得放在衣柜里的，怎么会不翼而飞呢。

黄宇问丈夫：“你看到我的演出服吗?”“没有啊。”丈夫爱理不理地回答道。

因为没有找到演出服，黄宇那晚最终还是没能去参加演出，这让黄宇感到异常难受。然而，让黄宇没有想到的是，第二天早上她扔垃圾时，却在垃圾桶里找到了被剪得支离破碎的演出服。“丈夫一直不让自己出去活动，一定是他干的。”怒气冲冲的黄宇

立刻冲到丈夫面前质问他，没想到丈夫回答得也爽快："是我干的又怎样，我就是不想让你老出去玩!"得到这样的答案，黄宇彻底无语，虽然自己并没有遭到丈夫的毒打，但是她觉得自己遭遇的软暴力，比遭毒打更让人难受。黄宇跟丈夫虽然每天生活在一起，却跟陌生人没什么差别。

对于女人而言，家庭是极为重要的。为了维系家庭，很多女人做出了巨大的让步和牺牲，哪怕是遭到了丈夫毒打、背叛，也苦苦支撑。然而，这样的包容并没有换来丈夫的良心发现，反而是得寸进尺。因此，作为一个女人要想改变夫妻关系，仅仅是默默忍受是不行的，应该寻找问题的根源，彻底解决问题。

【闺房私语】

纵观家庭暴力出现的原因，无非有以下几条：

1. 工作压力增大。现代社会的竞争压力使很多男性不堪重负。部分男性的心理调节能力差，在这样的压力下产生抑郁、焦虑等心理问题，如果得不到正常的疏通，就会通过暴力、虐待心理发泄出来。

2. 家庭角色"男强女弱"。这促使"大男子"主义意识抬头。在这样的家庭结构里，男方一般担负着家庭的经济来源，而女方通常没有独立的经济来源和自立的性格，没有与丈夫平等对话的条件。被伤害以后，只能"哑巴吃黄连，有苦说不出"。

3. 家庭角色"女强男弱"。许多现代女性以"女强人"的姿态出现，经济收入较高，社会交往频繁，男方则处于依附女方的地位。男方常常处于妒忌、猜忌的心理状态，害怕

身边的人对自己嘲讽，又担心女方会离开自己，往往采用极端方式，粗暴干涉对方生活。一旦双方矛盾激化，男方就通过暴力方式欺侮妻子，得到在心理上“征服”对方的快感。

4. 女方自身问题。有些女性不敬老人，严重缺乏家庭责任心。男方多次劝说无效，盛怒之下采取错误的“解决”方式。还有些女性在丈夫面临工作压力，如下岗等问题时冷嘲热讽、数落丈夫“没本事，养不起家”，男方在自尊受到极大伤害时，容易产生不冷静行为。

5. 性的不和谐。性的不和谐也是导致家庭暴力的一个重要原因。有些男士不能满足妻子的正常需要，总是担心妻子会有“红杏出墙”，最后陷入“自己被背叛”的心理旋涡中无法自拔，使用暴力手段得到心理平衡感。

一旦找出了家庭暴力产生的原因，女性朋友们就应该对症下药了：

第一，如果你的老公工作压力很大，就应该多让他接受心理素质教育，平时多注意保持心理健康，加强心理调节能力，尤其是在工作和社会压力大的时候，要保持平常心和乐观的态度。男人回到家里，尽量不要和他谈论工作，如果他有倾诉的欲望，你只需要静静地倾听。且不可在丈夫心烦意乱的时候还唠唠叨叨，给男人增加心理压力。

第二，如果你的老公是一个很有气场、很能挣钱的男人，你也要紧紧跟上他的步伐，不要甘心在家里当一个全职主妇。因为，当你在经济上依赖一个男人的时候，人格自然也不能独立。因此，女人必须不断地增强自己的独立意识。

第三，如果你的老公是一个很传统的男人，那么一定要注意自己的行为举止，还要与异性保持安全的距离，避免不必要的误会。无论社会发展到什么程度，女人最不能丢弃的

就是家庭责任感，对于一个不做家务，只知道出去享乐的女人，社会还是不认可的。因此，女性在家中的地位，还要靠自己来争取。另外，女人应该学会宽容，一个絮絮叨叨、斤斤计较的女人，是不会得到别人的尊重的。

第四，如果你不小心遇到了有冷暴力倾向的老公，首先要冷静。在任何时候都不要大吵大闹，那样会适得其反，只有保持冷静，才能找到问题产生的根源。双方可以进行一次交谈，谈话要在没有第三者的场合下进行，彼此要开诚布公，把一切有可能出现的问题都摆在桌面上。如果你们之间的矛盾仅仅是家庭内部矛盾或源于你的矛盾，这种谈话气氛有 90%以上的可能会解决问题。

接着，要主动抉择。是和是散，应该做到心中有数。如果选择了继续婚姻，就要学会说服。感情的丧失可能会使说服工作变得异常艰难，用过去的爱情、用家庭、用父母、用孩子甚至用财产和名誉都不可能打动对方，最能打动对方的方式就是换位思考。

另外，写信也是对付冷战的又一个选择。通过这种传统温和的方式或许可以“化敌为友”。当然，要解决这些问题最重要的是彻底地沟通。只有从冷战的状态中摆脱出来，重新拉近两个人的距离才能解决问题，千万不能以“冷”对“冷”，很多婚姻都是在冷淡中解体的。

提前学会 4 招，打响离婚时的财产分割战

每个女人都幻想着拥有一段美好的婚姻，一个疼爱自己的老公、一个可爱的孩子和一个温暖的家。然而，随着社会经济的发

展，外面的世界对男人的诱惑越来越多，离婚率的逐年上升已是不争的事实。大凡婚姻解体，受伤害的一方总是以女性居多，不少女人不仅在感情方面受到伤害，在财产权方面也得不得相应的保护。对他们来说，离婚意味着“人财两空”。

我一个同学的姐姐就遇到过这样的事。同学的姐姐叫吕芳，人很有气质，而且很温柔。当时，她的丈夫就是看中了这一点，对他展开了猛烈的追求。虽然吕芳的丈夫很穷，长相也一般，但是头脑非常灵活，加之对自己非常体贴，吕芳接受了他的追求。经过了两年的恋爱，两人走进了婚姻。婚后，两人的感情非常好，一起买菜，一起做饭，过着温馨的生活。

后来，丈夫接手了一家转制企业，把所有的心血都投入到企业的经营中去。经过几年的经营，资产已达几百万。生活有了起色，丈夫也就不再安于家庭生活，整天在外面花天酒地。有了一位“红颜知己”后，他干脆搬出了家门，千方百计要与发妻离婚。

起初，吕芳为了多年的感情，也为了孩子，想方设法挽回这段婚姻。然而，无论怎么做，丈夫都不能回心转意。经历了一段痛彻心扉的日子后，吕芳慢慢地接受了离婚的结局，她表示愿意与丈夫协议离婚。可是，丈夫却交给她一份极不公平的“财产分割协议”。丈夫在协议中声明，自己的企业是亏损的，所以他只能为吕芳提供一幢现住的农家住宅作为补偿。

吕芳不愿意接受这份不公平的协议，请求法院调查取证。但由于这家企业本身财物制度不规范，对外投资也无法查清，根据我国现有的证据制度，法院不能随意取证，行使调查取证权。“这太不公平了！他钻法律的空子，手段太狠了。”一脸无奈的吕芳现在只能等待法院的宣判。饱受感情折磨的她将会面临再一次受伤，结婚十多年，含辛茹苦抚育孩子，支持丈夫创业，到头来却是“人财两空”。

然而，这并不是个别事件，身边这样的事情很多很多。我有一个比较要好的同事，她与老公恋爱七年多，结婚一年多。由于同事是一个比较迷糊的人，所以什么事情都交给老公处理。买房的时候，房子写的是老公父母的名字，买车写的是老公的名字。对于这些，她从来没有觉得有什么不妥，然而，最近发生的一件事却让她备受打击。她一直坚信不疑的男人竟然有了外遇，知道这件事情以后她把自己关在房里好几天，痛定思痛，她决定离婚。但是转念一想，要是离婚她亏大了，家里的东西没有什么属于她的。当初的信任，让自己变得如此被动。权衡左右，她只能放弃离婚的想法。

【闺房私语】

在婚姻的双方中，女人是天生的弱者。不仅要承担很多责任，更要冒着被抛弃的风险。那么，在婚姻解体的情况下，女性该如何保护自己的合法权益呢？

第一，财产问题，不能一味忍让。

对于大多数女性来说，离婚本来就是一个心力交瘁的过程，如果再要打一场争夺财产之战，所费的精力和时间可能会拖垮个人的生活。所以有一些女性在合法的财产权受到侵犯时，采取了一忍了之的态度。吃了亏，人家还不念你的好，平白让自己受苦。

第二，获得自己应有的财产，无关乎尊严。

有的女人把自己的财产权跟尊严画上了等号。离婚，是要钱还是要自尊？一个愚蠢的问题让自己陷进尴尬的境地。其实，要钱和要自尊并不是互为反义词。真正的尊严往往建立在衣食富足上，要回你自己的财产，要回你创造的财富，

要回本应该属于你的东西，本来就无可厚非。更何况，只有钱才能让你在将来的日子里活得更有尊严。

第三，婚前财产公证。

如今，结婚时，双方可以登记各自财产，表面看是扫了爱情的兴，谁在结婚时考虑离婚？其实这真的是一件好事，只有当你身处困境时才会明白理性是多么可贵。现在有很多家庭都是女性的收入较高，夫妻采取“AA制”共同分担家里的开支，婚前就某一财产作个约定或公证，一旦婚姻触礁，就可以按照约定进行财产分割。离婚时，假如你做了这几种准备，你会发现你给自己和孩子都上了“婚姻保险”。

第四，自强自立，提高法律意识。

女人要学会自立自强，走出家门，和丈夫共同创造财富。俗话说“吃别人的嘴短，拿别人的手短”，只有付出了，索取才理直气壮，躲在家里做全职主妇，只能让自己丧失话语权。同时，对于婚姻家庭财产权，女人要有自我保护意识，不能轻易放弃自己的权利。平时对家里的财产状况应做到心里有数，否则什么都放手不管，到关键时刻要保护自己的权益就会缺乏证据。此外，一旦察觉到婚姻危机，应该主动收集家庭财产的各项证据。因为在没有进入法律程序之前，另一方的防范意识较为薄弱。万一有一天对簿公堂，也可以不至于陷入被动的局面。

如今，女人被称为半边天。尽管她们在经济地位和社会地位上已经初步取得了平等的地位，但要达到真正的平等，还有很长的路要走。也许在工作中，女人可以和男人一样做得优秀，但是在家庭生活中，女人远没有男人那样拿得起放得下。

因此，婚姻的瓦解，往往对女人的伤害更深、更久。因

此，女性在追求自己的幸福时，不要丢掉理性，要给自己留条后路，这不是对婚姻的不忠而是对自己负责。只有理性地处理婚姻中出现的问题，才能在成长中享受到真正幸福的果实。

学会这 10 招，男人离不开你

很多人是喜新厌旧的，尤其是男人。男人的喜新厌旧就像牛顿定律一样，成为了女人的真理。听到这样的话，有的男人可能会喊冤，委屈地表示自己可不是那样的人。要我说，还是算了吧，看你的形象就知道，不是你不喜新厌旧，根本就是没有喜新厌旧的资本。抓狂了吧，没用，这就是事实。既然男人的本性多是如此，对于生活中经常出现的抛弃妻子现象也就不足为怪了。

然而，周围也有一种女人，她们不仅不担心被老公抛弃，而且被老公视若珍宝，陈爽就是这样的女人。

坦率地说，陈爽并不是一个漂亮的女人，只是她会精心地打扮自己。她从来不会披头散发地在家里转悠，即使在家里穿的居家服，看起来也很有质地；陈爽不会像别的女人那样，做一个闷头闷脑的煮饭婆，她总能在席间创造出一点小浪漫；即使在外面遇到了不好的事情，陈爽也会自己在外面消化好，然后高高兴兴地回到家，这样辛苦一天的老公回到家，总是看到陈爽的笑脸，从来不会听到她的唠叨……

总之，我们能想到的，陈爽都做到了。有的人问陈爽，天天这样你不累啊？陈爽的回答颇有深意：“我从来不感觉累，我所做的每一件事都是发自内心想这样做的，在老公享受我创造的结果的时候，我在享受过程。家庭和睦了，我的心情也好了，心情好，好事儿自然就来了。这样的生活，我也是在自得其乐啊。既

然大家各得其所，何乐而不为呢？”

【闺房私语】

要想拴住一个男人，首先你要清楚男人要什么，只有做到对症下药，才能药到病除。

第一，你要努力成为他的空气。男人有时比女人还要脆弱，他们没有足够的勇气去承担爱。他就像是一条在水里游来游去的鱼，极度地渴望自由。这时候，你不能对他紧追不舍，只有慢慢渗透到他的生活里，令他身在其中，舒适而不自觉，既无压抑也无束缚，犹如水里的空气。总有一天，他会发现，如果没有了你，就像空气抽离，压根活不下去。

其次，努力打造你们的二人世界。每一个人都喜欢干净、舒适地生活。如果你把家布置得舒适温馨，回到家就能全身心地放松。在家里，可以释放掉所有的压力和烦恼。进门等待他的是一个温暖的怀抱，一桌香喷喷的好饭，如此舒适的生活又有谁能舍得放弃呢？

第三，善用“温柔”这碗药。对于男人，攻心为上，俘虏男人的心，是全面占领男人的最高原则。聪明的女人会深谙男人心，“我相信这辈子再也找不到这样的女人”，听他下了这样的定论，无论他的身边还有多少趋之若鹜、虎视眈眈的女友，都将黯然退场。这碗叫做“温柔”的汤药，是腐蚀男人思考能力的不二法门。

第四，尽一切所能地去寻找共同点。爱情看上去是那么偶然，但最初的一刻，总有一些东西将你们紧密地联系在一起。也许是一场音乐会，一盘 CD，一本漫画书，一个共同去过的城市？总会是那些相同的兴趣、相近的心，感染了彼此，那就把它找出来，发扬光大。如果你们曾经是驴友，那么他的每一次出游，你都是最佳伴侣；如果他手中最爱的是照相机，那么就做他镜头里永远的模特。

第五，做一个可爱的女人。可爱的女人是美丽的，而对于美丽的女人，男人是没有抵抗力的。记得石康小说《一塌糊涂》中的那个女主人公，她就是个可爱的女人，男主人公原本无心结婚，但她可爱得令人心动，她会在他写作时，像小猫一样在后面偷袭他，还固执地把自己的东西搬进他的家，赖在床边不走……可爱女人的点滴，融化了男人的心，在她离去后，他发现没有她的生活，其实是“一塌糊涂”。从那一刻起，他真正地被你征服了。

第六，做一个制造惊奇的高手。恋爱刚走到一半，或是刚刚进入婚姻，就有了老夫老妻的意味——这是件恐怖的事。男人并非不热爱生活，但却惧怕平淡的生活。如果每天都是柴米油盐，别说是男人，女人自己也会感到厌倦。改变不妨从现在开始吧，一顿精心的晚餐，十一支造型美丽的蜡烛；早上起床时，一个轻轻的吻。让浪漫、激情随处发生，在他眼中，你永远是第一次见面时的心跳。

第七，让他感觉放松。幸福不在于找到一个完美的人，而是与一个旗鼓相当的人去努力建立一种完美关系。太关爱他、太讨好他，会把他宠坏，但自我、太高傲，又会令他心里惧你三分。爱情需要适度的空气和氧分，你永远是他身边不远不近、不离不弃的那个人。如果他打来电话，你会如约前往；如果他送你鲜花，你要夸他温柔；如果他想独自待着，你掉头走开——但晚上会打来关切的电话，这样的你，当然能博得他的喜欢。

第八，成为他的衣着顾问。传说地产大腕潘石屹的老婆

张欣，改造潘石屹的第一件事就是把他过去那些行头全扔了出去。打造一个男人，当然首先从面子开始。而男人信赖一个女人，也从信赖她的品位开始。有一天，当他听到别人的夸赞而有意识打量自己的全身上下，发现从内裤开始，到袜子，到领带，到围巾，全都是你的杰作，他心中也会暗自得意发笑。

第九，偶尔让他的生活断电。这个世界的男人，多有一种劣根性，心中总在期待完美女人的来临，眼前的爱人似乎永远不能符合他的要求。当你为他做了很多事情他还熟视无睹，视此为理所当然时，那么短暂地离开他，让他的生活断电。那时，他会发现，他原来习惯的一切对他而言是多么的不可或缺。男人只有在失去的时候，才会知道曾经拥有的是多么美好，哪怕是暂时失去，也能让他居安思危。到时候，就等着他的温柔召唤吧。

第十，让自己变得更美丽。中国女人似乎有这样一种思维定势，一旦进入婚姻，仿佛与爱人的关系就尘埃落定了。于是，对自己的要求直线下降。那个光鲜的魅力女人不见了，只有一个柴米油盐的欧巴桑；那个诗情画意的女人不见了，只有一个唠唠叨叨的怨妇。这样的你怎能不让人倒胃口。女人啊，你不需要为了家庭放弃朋友和工作，失去它们的同时，你也失去了自己，最终等待你的必定是悲惨的结局。如果不想让这样的结局出现，趁早多读点书，让自己的内涵更加丰富；多打扮打扮自己，让自己永远光鲜亮丽，一个每时每刻都在不断提高的女人，有谁会舍得离开呢？

有人说，爱情是需要手段的，的确，它就像润滑剂一样，让我们的爱情更加顺畅；它也像粘合剂，有了它，才能让我们的爱情更加牢固。还等什么呢？如果你想让你的男人离不开你，不妨试一试吧！

女人，你的名字不是弱者

我和江曼是通过工作的关系认识的，虽然年龄上差距很大，但是由于比较对脾气，所以交往得很多。作为一个大姐姐，她常常向我传授一些生活经验，指导我处理日常生活中遇到的一些问题。我这个人比较奇怪，工作、生活上的事都能处理的井井有条，可是一旦遇到感情上的事儿就傻眼了。在这方面，江曼对我的帮助很大。

我一直很佩服江曼，她不仅在工作上是个女强人，而且婚姻生活也很幸福。我想当然地认为她的婚姻天生就是幸福美满的，直到有一天她向我讲述了自己的婚姻经历，我才明白，原来每段幸福婚姻的背后都有一个聪明的女人在维持。以下就是江曼向我讲述的她的故事。

我们家姐弟两个，我是老大，从小就要帮父母做家务、照顾弟弟，挑起照顾家庭的重担。认识我丈夫时我还不到二十岁，非常单纯。他家是做生意的，条件比较优越，又是家里的独子，从小就受宠爱，属于花花公子的类型。不过像所有的生意人一样，他很聪明，应该说是很精明的那种。

我们恋爱时他说我经常能在生意上给他意见，这是他以前认识的那些小女孩所不能给他的。我们很谈得来，所以发展得很快。但是我也发现他很花心，恋爱过程中他就不断有新的红颜知己。我个性很强，一旦发现我们之间有别人的介入，就不声不响地中断关系，不接他电话，也不找他。可是过一段时间，他又会来找我，而我因为真的很喜欢他，于是便原谅他。就这样分分合合，交往了几年以后，我们走进了婚姻的殿堂。

儿子三岁那年，他又有外遇了，我决定离婚。这时我认识的一对比我大十几岁的夫妻朋友对我说：“离了婚你打算怎么办？重新出来找工作？儿子怎么办？’我想了很久也不知怎么办，对方又说：”如果你离了婚过得还不如现在好，离婚又有什么意义呢？另外，你是否知道，在这段婚姻中，你得到了什么？”

我想了很久，当时儿子还小，我自己文化不高，如果离婚要重新出来找工作，甚至还有可能要失去儿子。与其如此，不如努力去改善自己的婚姻现状。于是我开始努力工作，开拓生意，积极提高自我。

又过了两年，我们的事业已经做得很不错，也积蓄了不少资金。可是丈夫一如既往，不关心家，不管儿子，每天在外面风花雪月。这时，因为他一次新的外遇，我觉得不能再忍受，我决定离开他一段时间。于是，我开始办理前往英国学习的手续，因为我们一直在做出口生意，虽然有翻译，但我一直想把外语学好一点。当我办好手续告诉丈夫我要去英国上学时，他根本不相信。因为在这之前，我一直跟在他身边，别说坐飞机，连远一点儿的城市我都没去过。他不相信我能一个人翻山过海到英国去读书。

当我把机票拿给丈夫看时，他突然变得很伤感，这是我们认识十年中从未有过的。那几天他不再出去吃喝玩乐，每天按时回来吃饭，帮我收拾行李，陪我出去买东西，完全像变了一个人。

在国外的日子里，我突然明白，一个女人一定要有自己的天地，自己的朋友圈子和自己的事业，不能把自己的一生拴在丈夫身上。

半年后，学校放假，丈夫迫不及待地让我回家去。这在他是很难得的，过去他总是对别人抱怨，后悔这么早结婚，后悔娶了我。我想既然他想我回去，我也应该给大家一个机会。

重新回到家里，一切都不一样了。我的天地广阔了很多，不再每天追着丈夫问他在哪里吃饭，跟谁在一起，也不会一见不到

他就到处去找。现在我开始有了自己的朋友和自己的圈子，开始了与过去不一样的生活。渐渐地，没想到丈夫开始懂得收敛，回家的次数越来越多。

当然他还是像过去那样喜欢玩，孩子读书，读什么学校，见老师找校长，都是我一个人跑。但是我发现丈夫开始将我当成他的亲人。家里家外有什么事，他第一个要找的人肯定是我。

如今，我已经学会冷静地看待婚姻，我知道爱情不是一个女人的全部，还有事业，还有家庭，还有我的父母和他的父母需要照顾。我知道，他已经把我当成他生命中最亲的亲人。现阶段，我很快乐也很感恩。

【闺房私语】

第一，对男人不要管得太紧。

距离产生美，尤其是男女之间，更要保持一定的距离。对男人管得过紧，只会造成两种结果，逼走男人，逼疯自己。

第二，女人要学会独立。

在婚姻中，我们必须学会独立，要在不伤害别人的基础上，坚持自我。不能在柴米油盐的生活中葬送自我。女人只有自强自立，才能争取幸福，才能让自己快乐。而快乐和幸福是源于内心的，不是依靠哪个人来获得的。与其抱怨对方不能给自己快乐、纠缠对方改变，倒不如充实自己，让自己的生活发光起来。

第三，寻找感情之外的慰藉。

那些深陷在感情中不能自拔的姐妹，你们一定要认清，爱情不是所有，人生还有很多事情等着我们去做。工作、朋

友、亲人，我们应该适当地分点时间给他们，这种付出得到的回报更多。

第四，让自己的内心强大起来。

女人外表要温柔，内心要坚强。只有内心的强大，才足以对抗生活中的一切困难。尤其是在感情方面，要吃一堑长一智，只要我们的内心足够强大，背叛、伤害都不足以打倒我们。

第八章　职场，保护自己别退缩

女人，似乎已经习惯了妥协。出嫁前，向父母妥协；出嫁后，向老公妥协；生育后，向孩子妥协；出来工作，又要向上司妥协。她们习惯了息事宁人的处世态度，以为这样，就可以换来宁静。现实往往不是这样，公道只存在于那些敢于提出正当诉求的人那里，因此，职场中的单身女人要挺起腰杆做人，万万不能退缩，因为我们只能依靠自己。

没有事业的女人会很被动

在一个女性面前，如果有销售、行政文员这两个职位供她选择，她们往往愿意干行政，即使你告诉她们销售底薪很高，还有提成，未来还能当经理，转到行政部或项目部是很容易的事，她们仍然不会改变自己的选择。

她们的选择顺序，正好是与赚钱多少相反的，真是怪事。其实她们的选择顺序是按照工作的压力顺序来选择的，也就是说，她们宁可找一个压力小的，稳定的，清闲的工作，即使赚钱少，升值机会小，发展难也没有关系。究其原因，是因为她们根本没有事业心，也不会学习。

对于这样的女人，她们的未来很让人担心，因为，将来她们很有可能会遇到麻烦，甚至会过悲惨的后半生。在最能吃苦的时候选择了安逸，在最适合学习的时候，选择了谈恋爱，她们当中大多数人的计划是 28 岁以前结婚生子，所以打扮、交友是她们生活的全部，即使为此请假，辞职，也绝不吝惜。

对于那些幸运的人，如她们所愿的，在28岁时，如期地嫁给了一个有钱的或是有潜力的男人。也许男人事业还做得不错，不需要她挣钱养家，于是让她回家做全职主妇，她很听老公的话，辞职回家了。即使没有回家歇着，也是心不在焉地上班，直到生孩子。

对于一个没有事业心的女人，生孩子，几乎是她们事业的结束。怀孕到生产，喂养孩子半年，一切恢复的时候，想起上班就头疼：首先，很难再找一份清闲的工作，因为那个时候，找工作首先要考虑可以回家比较早，否则，无法照顾孩子，不放心呀；其次发现要雇人来做家务，一盘算，保姆比自己还贵，结果，给了自己一个借口，为了教育孩子，放弃了出去工作。其实，对事业没追求，对重新找工作的畏惧才是女人不出去工作的主要原因。

于是，老公担起了全部的经济重担。通过不断地努力，老公在事业上走向了飞跃，职位和金钱提高了，朋友圈子也越来越大。社会不断地进步，老公也不断地进步。而女人还是那个女人，不断重复着家务——孩子——家务的公式。

渐渐地，孩子上了幼儿园，她一个人；孩子上学了，她还是一个人。偶尔也会和另一个不上班的太太一起逛街，美容，但是发现，自己和社会越来越远，几次鼓起勇气要再次步入社会，都没有实现。别指望这样的女人会多么贤惠，她们慢慢就对料理家务失去了兴趣，毕竟是新时代的女性，有哪个会心甘情愿地老这么在家呆着，可是，以前会的都忘得差不多了，怎么重新开始呢？

她们开始抱怨家务的烦琐，越来越希望老公能跟她耐心的聊一会儿，可是有事业的老公回家很晚。应酬之后，即使回了家，也不想多说话，只想看看电视或者早点睡觉。这时女人不同意了，不让他睡，于是吵架，老公觉得这个女人越来越不可理喻。女人感觉男人好像不那么爱她了。

不断的争吵使得他们的感情越来越脆弱，共同语言越来越

少。女人当初吸引男人的魅力已经不在，而猜疑和抱怨折磨着男人的神经，一直到男人真的有了外遇。这个时候，女人才反省自己的生活，可是，木已成舟，反省又能怎么样呢？

【闺房私语】

第一，无聊是女人堕落的开始。

有的人为了爱甘心回家做一个全职太太，终日与家务为伴，与电视为伴，与网络为伴。长此以往，等着她的是无尽的苦难，毫无悬念，一直到老。而这都要归结为女人在年轻的时候没有事业，没有学习。

而有事业的女人，生活得越来越滋润，她们不断地丰富自己，爱情不是她们生活的全部，生孩子对于她只是一个小小的耽误。生完了孩子，她们继续忙碌在自己的事业中，展现着她们特有的魅力。

第二，伤害是自己造成的。

其实，男人有外遇并不完全是因为好色。如果当你苦恼于事业的症结的时候，老婆和你因为鸡毛蒜皮的家长里短，唠叨个不停；你和她说企业管理，她和你说商场的打折；你很困，她拿枕头砸你。对于这样的女人，你还能说什么呢？

而女人之所以有今天，都是自己一手造成的。女人凭什么只是生孩子的工具，凭什么生了孩子以后就沦为保姆，难道要用所有的精力照顾家庭吗？别忘了，她也曾经受过良好的教育，她也曾经有过梦想。

第三，重拾事业心。

如果你现在还过着养尊处优的生活，如果你现在还没有一点事业心，请你睁开双眼看一看那些全职太太的遭遇，她们的今天就是你们的明天。不要让自己在慵懒中度过余生，不要浪费上天赐予你的才华，只有拥有自己的事业才能让自己焕发青春。肤浅的女人需要护肤品来装点自己的美丽，而作为一个有素质的女人，只有工作才是最好的护肤品。

如果老天善待你，给了你能干的丈夫和优越的生活，请不要收敛了自己的斗志；如果老天对你不够疼爱，百般设障，也请不要磨灭了对自己的信心和向前奋斗的勇气，抓住事业这颗稻草，终将会得到你所想要拥有的一切。

争取你应有的福利

研究生毕业后，国丽在一家考研培训机构当老师。刚刚上班就投入到紧张的工作中。由于考研有一定的时段性，因此，每年的暑假后到寒假前的这段时间是她们最忙的。

从上班的那一天起，国丽就没有按时下班过。在她的印象中，从来没有加班一说，因为公司从来不会给她们加班费。最可恶的是，别的公司都双休，只有她们一周休一天。

按照这样的工作强度，按理说国丽应该拿着很高的工资。事实却并非如此，每个月到手的钱只比平均工资高那么一点点。不仅如此，单位连保险、公积金都没给她上，理由是档案不在单位，不符合公司规定，无法上保险。

每当想起自己起早贪黑的，却得不到相应的回报，国丽就想离开公司。但是，领导对她非常好，几次离开都被领导请了回来，碍于情面，国丽只能继续坚持。

然而，每当听说某某同学不仅福利待遇好，还可以休年假的时候，就暗自慨叹自己命苦。

【闺房私语】

第一，每周工作不得超过 40 小时。

每周从事工作的时间不得超过 40 小时，如果超过 40 小时，应该按照国家有关规定发放加班费。法定节假日需要加班的，要付三倍的工资。

第二，单位有责任为员工缴纳保险和公积金。

凡是与公司签订劳动合同的员工，公司都应该为其缴纳社会保险和公积金。

第三，如果公司没有按照相关规定执行，员工有权利申请劳动仲裁。

有很多女性为了保住饭碗，即使在单位受到了不公正的待遇，也不敢站出来维护自己的利益，致使用人单位更加嚣张。姐妹们应该勇敢地提出自己的正当诉求，维护自己的正当权益。

勇敢地与你的单位“叫板”

俗话说：“会哭的孩子有糖吃。”有些女性凡事都认为多一事不如少一事，尤其是单身女性，认为自己孤身一人，更要低下头做人才对。但我认为，在工作中可以做出适当的忍让，但是却不能一忍再忍，否则就为自己的今后留下不好的伏笔。在我一个已婚朋友身上发生的事情，就很好地说明了这一点。

琳琳要当母亲了，本来应该欢欢喜喜地迎接自己的孩子出生，可琳琳却怎么也高兴不起来，因为临产前的一个月，当她去领导那里请产假时，却被公司告之：她无权享受产假，只能按终

止合同处理。想当初怀孕的时候琳琳就因为请假的事，与公司发生过不快，没想到公司这次竟然做得这么过分。

琳琳已经在这个公司工作两年了。2007 年刚毕业就进入该公司任职销售人员，双方约定的工资为 1 600 元（含交通费和午餐费），奖金另算。工作了三个月以后，由于工作需要，琳琳又被调往办公室做行政专员。

2008 年年底的时候，琳琳发现自己怀孕了。由于琳琳属于易流产的体质，所以医生建议她在家休息，等三个月以后视情况而定能否出去工作。为了保住孩子，琳琳向单位领导提出请假。由于当时公司正在与另一家公司洽谈合作事宜，琳琳被要求继续上班。

琳琳不想失去这份工作，只有坚持上班。还好孩子没出现什么问题，这让她稍稍松了一口气。坚持了半年多，2009 年 8 月，眼看就要到预产期了，琳琳再次提出休产假，没想到被无端拒绝。

琳琳很纳闷，明明国家规定女性有三个月的产假，自己为何却休不得呢？

【闺房私语】

第一，女性享有三个月的产假。

根据我国劳动法规定；女职工生育享受不少于 90 天的产假。女职工在怀孕期，产期、哺乳期内，用人单位不得解除劳动合同，也不能降低女职工的工资。90 天产假中，其中产前休假 15 天产后休息、75 天。难产的，增加产假 15 天。多胞胎生育的，每多生育一个婴儿，增加产假 15 天。女职工怀孕流产的，其所在单位应当根据医务部门的证明，给予一定时间的产假。

办公室暧昧是最大的伤害

参加工作后，女性选择配偶的范围相比较于上学期间，小了许多，这就注定了女性会将大多数的目光放在公司的同事中。如果此时的你也是如此，就要打起十二分精神，小心恋情成为暧昧。

吴丹去年毕业就到了一家公司做文员，由于工作关系，跟市场部接触较多。市场部的部门经理刘流是一位年轻的男士，不仅很有才华，而且长相帅气，是公司有名的钻石王老五。吴丹刚进公司的时候，刘流就表现出很绅士的热情。

刚开始的时候，刘流经常在众人面前夸吴丹有潜质。肯定的目光，温柔的眼神，这让初来乍到的吴丹感觉很温暖。

吴丹是一个性格开朗的女人，平时跟同事总有聊不完的话题。每次有吴丹参与的讨论，刘流总是及时出现，吴丹窃喜：刘流在关注自己。

一天下班后，吴丹刚走出公司大门，发现身后有车喇叭响起，本来以为是自己挡了人家的去路，本能地让开。没想到，刘流从车里探出了头，他开心地说："上车，这是我新买的车，顺便带你兜兜风。"两个人足足在路上转了 4 个小时，从童年谈到学校，从学校又谈到公司，刘流连连感叹，吴丹让他找到了上学时代的感觉。还说，可爱美丽的女孩子，谁遇到谁都会动心！那天，吴丹彻底失眠。

兜风事件之后，吴丹陷入了"剪不断理还乱"的思绪中。吴丹反复在心里思量：刘流是不是喜欢自己？如果喜欢，为什么不进一步行动呢？如果不喜欢，为什么看她的眼神那么温柔，还隔三差五送些小礼物呢？连周围的同事都已经感觉出两人关系的不同，偶尔会有同事打趣说，刘流在追求吴丹，对此，刘流仍然波

澜不惊。

半年的时间过去了，吴丹始终琢磨不透刘流是怎么想的，两人的关系像雾像雨又像风，始终无法尘埃落定。然而，后来同事的婚礼，让一切揭晓。

同事小张结婚，挨个儿给大伙儿发请帖，发到刘流的时候，开玩笑说："有家属的可以带家属啊，没有家属的可以当场确认家属，给单身人士提供一次求偶的机会。"说这话的时候，小张的眼睛一直瞄着吴丹和刘流，大家都心知肚明怎么回事儿。对此，刘流只是笑笑，吴丹的心里却砰砰乱跳。

吴丹以为，刘流会借着这个机会向自己表白，于是内心里有着隐隐的期待。谁知现实却走了样：刘流带了女朋友前往，而且看样子还很亲密。有同事跟刘流开玩笑说："你小子竟然金屋藏娇，这样不对啊。""哈哈，是我不对，国庆我请大家喝喜酒啊，到时候你们一定要来。"刘流的话一出口，现场的气氛顿时变得微妙起来。而吴丹顿时像泄了气的皮球，说不上心里是什么滋味。再看刘流，却像什么都没有发生过一样，这让吴丹很受伤。

吴丹不记得自己是怎么挺过那场婚宴的，回到家之后她大哭了一场，可第二天还要若无其事地上班，那种感觉不是一句话两句话能说得清楚的，痛无法言说。

【闺房私语】

第一，小心丢了工作。

办公室暧昧包括很多种情况，如办公室恋情、办公室骚扰、办公室黄段子等。有很多公司明令禁止办公室恋情，在这种环境下，一旦卷入这个旋窝，小心工作不保。

第二，不要一不小心成了第三者。

如今出现了一个新名词，叫隐婚族。那些宣称自己是单身的人，说不准是一个有妇之夫。一旦跟这样的人扯上关系，很难摆脱第三者的帽子。到时候，唾沫星子都能淹死你，人言可畏啊。

第三，出来混迟早要还的。

对办公室暧昧，如果处理不当，不仅会破坏自己在同事心目中的形象、影响自己的前途，严重者甚至会破坏家庭。一句流行语说的好，出来混迟早要还的，因此，一定要远离办公室暧昧。

别拿欺负当保护

何燕研究生毕业后，去了一家事业单位工作——单位不错，待遇较高且是个令人羡慕的岗位。现在工作不好找，能找到这样的工作非常不容易，所以何燕很珍惜，对工作认真负责。可上了班才知道，与领导的关系太难相处了，根本不是她想像的那么单纯。

最让何燕头疼的不是工作，而是几位领导的暧昧骚扰。从她第一天上班，主管领导看她时，眼睛里就放射着异样的光芒。上班时，主管领导对她很关照，安排工作也不多，让她有时间多熟悉一下业务，不懂的地方可以问他。

刚开始，何燕对领导很是感激。觉得领导能体恤下属，实属不易。时间长了才知道，领导对她另有企图。

在没有其他人的情况下，领导经常会对她说一些暧昧和挑逗的话。何燕的心里非常反感，但又不敢反驳他，毕竟他是领导，弄不好会给她穿“小鞋”的。然而这样的容忍并没有换来领导的自觉，反而令他越来越放肆，有一次交代完工作，看着没人，领

导竟然拍了一下她的屁股。何燕躲开了，领导有些不高兴，说："我这是看得起你，以后该怎么做，你要想清楚了。"

何燕听得出，领导在威胁她。那以后，她总是刻意地躲避他，但是只要领导想找你的麻烦，怎么都躲不开的。一次，领导给何燕安排了很多工作，她没按时做完，领导要求她加班。结果那天何燕做到很晚才完成。刚准备回家，她就接到了领导的电话，问她做得怎么样了，听到肯定的回答后，又说："既然你这么辛苦，我请你吃饭吧。"何燕直接拒绝了。此后几天，何燕又被安排做很多事儿，而且都是在规定时间里完不成的。

何燕清楚，这是领导故意在整她，要逼她就范。可是，倔强的何燕不愿意屈服，每天加班加点，想办法完成领导交代的工作。后来，领导知道这样没用，干脆直接跟何燕摊牌。对她说："现在以通过攀附领导得到提拔的女人很多，有的男同事为了得到提拔，把自己在机关里的恋人介绍给领导，双双被重用，你还年轻，不懂这些，但不能任性，要为自己的将来考虑。"听他这样说，何燕担心极了，对于这样的人，她不想得罪，也不能得罪，毕竟她在明处，要是把领导惹恼了，对她以后的工作发展会很不利。

有的时候，何燕想离开这个是非之地。可逃避也不是办法，无论到哪里都有这样的人，但如果面对，她又不知如何把握。再说"80后"都不分配工作，能到事业单位工作容易吗？何燕一想到这些事情就头疼，每天上班神经都是紧绷的，感觉很累，心思也没法完全放在工作上，她不知道何去何从。

【闺房私语】

第一，面对职场性骚扰，要拿出职业化的姿态与之抗衡。

首先要从改变自身做起。艳丽的装扮，娇嗔的语气无时无刻不让人注意到你的美丽，职场美女一定要学会适当地“藏美”，平时上班不要穿得过于暴露的服装，要让别人对你的感觉从外表美转向知性美，尽量展示自己理性、聪慧、干练的一面。

有很多女孩习惯在男同事面前表现出魅力的一面，以为有魅力的女性办什么事都容易得多，其实，在获得方便的同时也可能向别人传递了错误的信息，为自己带来一系列的麻烦。与其寻求别人的帮助，不如把自己打造成工作中的中性女，用实力来说话。我想，大家对一个能干的女同事，更多的是敬重，而不是非分之想。

同时，用严谨端庄的形象配合言行，让同事们都知道你是一个很规矩的正派女孩，让好色之徒不敢轻易来犯。比如，与男同事说话要落落大方，并且尽量隔着桌子或保持一步以上的距离，和一个男同事单独在办公室时要把房门打开。

第二，如果遇到男同事的骚扰，拒绝态度要明确。

年轻漂亮的职业女性可能会碰到过这样的情形：在你和老板、同事独处时，他突然满含深情地握住你的手，说一些不合适的话。面对这种让人尴尬的状况，你的表现一定不能犹豫不决，要态度坚决，一本正经地挣脱他，以庄严冷峻的态度表明你不喜欢这样。男人对女人的初次骚扰一般只是轻

微的试探，由此观察你的反应，并决定他的进一步行动。

第三，不向上司倾吐孤独。

到一个新的工作单位，人生地疏，有时会产生一种孤独感，这是难免的。假如你一有孤独和忧闷，就向上司倾吐，并试图求得理解和同情，这其实是很不妥的。对一般上司来说，会认为你是弱者，对不那么正派的上司来说，往往会诱发他的邪念，以为你需要他的特别关照，以为你想和他建立一种超越上下级关系的特殊关系。自己如有孤独感，可通过广泛交友、学习科学文化知识和培养业余爱好等方法来解脱，不能有病乱投医。

第四，小恩小惠贪不得。

有些上司，会因你的年轻、漂亮而给你特别的关照和特别的帮助。譬如调整工作时，把你安排在特别清闲和舒适的位置上；在奖金补贴方面对你特别地优待，等等。对这些，你要多想想：我是不是应该得到这些？上司为什么要给我这种特别的关照？如果实在想不出合理的原因，最好不要轻易接受。应该牢记没有平白无故的恩惠、天上不会掉馅饼等道理。当不怀好意的男同事单独邀请你吃饭或出去娱乐时，要委婉地拒绝。如果不方便拒绝，最好约上一位好友同去，以防对方的不轨行为。

第五，避免单独陪男上司出差。

属于自己工作范围的事需要和上司一道出差的，那是无可推脱的。有些出差的内容虽也是自己的工作范围，但可供选择的人有许多，而上司偏偏要和你一道去，那就要在头脑中多一根弦了。一般说来，对当天就能回来的出差，不必存多少戒备之意；而对时间较长，需要住宿的那种出差或会议，应该提防一下。其实，经常与男上司一道外出，即使彼此都很规矩，也往往会引起别人的非议。因此，明智的、不想招惹是非的上司一般会尽量避免与年轻女性单独外出的。

第六，掌握反击的尺度。

一旦遭到男性上司的性骚扰，一定要坚强些、勇敢些，要采取必要的反击手段。有的女性，容易受到性骚扰的原因往往在于自己的软弱，在于逆来顺受。有的则是怕事情闹大，怕被更多的人知道，只能暗暗落泪。实际上，这种怯懦和沉默正好促使那些上司更大胆、更放肆，以致频频向你发起骚扰和袭击。

认识到这一点，对上司的不规矩行为，反击一定要果断有力，不能犹豫，更不能半推半就。当然，故意扩大事态，因为上司一句过头的玩笑而大吵大闹，哭天喊地，也并不可取。因为传扬出去，对你以后的工作和生活都是不利的，一定要掌握好必要的分寸。

第九章 你可以勇敢地说"不"

男尊女卑的社会已经一去不复返了，女人拥有了和男人一样的工作和生活权利。然而，上天赋予女人的生理结构，注定了女人处于弱势的地位，在某些方面，女人仍然要面对很多不公与伤害。同以往不同的是，女人的思想已经被解放了，更多的女人懂得捍卫自己的权利。当她们面对不公时，不再逆来顺受，女人终于可以勇敢地说"不"了。对于单身女人而言，想要保护自己，要先学会说"不"，再学会说"是"。

看聪明女孩如何拒绝性要求

热恋中的女孩子，最容易在男友"你如果爱我，就应该献身于我"这句话的引导下，献出自己的身体。然而轻易相许的结果是：如果对方是玩弄你，目的达到以后很快会另寻新欢；如果对方是爱着你的，你轻率的行为，反而会使对方不再如以前那样尊重你，甚至会产生猜疑：你既然那么容易献身给我，会不会更容易地献身于他人呢？还有可能是道德品质不良的人，打着"只有以身相许，才是真心相爱"的旗号，专门诓骗涉世不深的女孩上当。

所以为男友献身并不是爱情的润滑剂，很可能是让人后悔自责的迷魂汤。作为一个女孩必须明白：轻率的性行为与真诚的爱情根本不是一回事。

杜鹃是我们编辑部的编务，性格外向、阳光，无论什么时候脸上都挂着标志性的笑容。然而，最近几天她脸上却阴云密布。

由于我们平时经常一起吃饭，关系还不错，趁着吃饭的机会我问她是怎么回事儿。杜鹃说："我跟我的男朋友已经交往了一年了，最近几天他老是向我提出那方面的要求。"说完，露出一种不好意思的表情，我当即明白了她的意思。问她："那你是怎么回应他的?""这才是我郁闷的啊，正因为不知道该怎么回应他，最近我都不敢见他了。"看着她为难的表情，我建议道："这种事，你总躲着也不是办法啊，你应该把话说明白。当然，绝对不能板着脸孔说不，更不能指责，否则害得他丢了面子，会让你们的感情蒙上阴影，严重点儿会导致分手。如果你爱他，又不想影响你们的感情，一定要讲究策略，至于具体怎么说，就要凭你对他的了解，见机行事了。"杜鹃点点头。

过了几天，杜鹃主动找到我，说："谢谢你的提醒啊，我的问题已经解决了。他不仅没有生气，而且我们的感情越来越好了，我们商量着元旦的时候去见双方父母。""那你是怎么回答他的呢?"我好奇地问。"我对他说：我是爱你的，如果你也爱我，请尊重我的选择。我们的日子还长着呢，我希望把最美的一刻留到新婚之夜，你愿意等待吗？他是笑着点头答应的，还说，这些天我一直躲着他，他以为是我不爱他呢，听我这么说，他心里好受多了。看来处理这种事，还真得讲究方法啊!"

【闺房私语】

第一，原则问题，糊涂不得。

恋爱中，对于男朋友提出的性要求，应该保持坚定的立场。如果男友真的爱你，你的坚持会获得男友的赞许，得到男友更多的疼爱。如果你的坚持让你失去了感情，那么这样

的男人也不值得你惋惜。总之，在原则问题上，绝对不能糊涂。

第二，懂得拒绝，讲究技巧。

不能因为担心对方不高兴，就任其动作；更不能因为心软，就半推半就。很多女孩儿就是在这样的情况下稀里糊涂地把自己交了出去。如果是终成眷属，那也无可厚非，一旦没有结果，对女孩儿的伤害就无可挽回。

需要注意的是，拒绝对方的时候态度要坚决，表达要温柔，要顾及到对方的面子，这样才不会影响今后的交往。

第三，态度坚决，不让对方想入非非。

如果拒绝的态度不够坚决和明朗，会使男生更加想入非非。一旦让对方会错了意，结局更加尴尬。与其这样，不如果断一点，不留后患。

第四，要情调，不要调情。

作为女孩子一定要自重自爱，在恋爱中一定要保持头脑清醒，不要被恋爱的甜蜜冲昏头脑。刚开始恋爱的时候，就应该与恋人约法三章，向恋人表明你的态度。

在交往的过程中，为了避免做出出格的事情，尽可能少地制造暧昧的氛围。既保全了自己，又避免了很多不必要的麻烦。

同居，是条不知深浅的河

同居，已经不是一个新鲜词，它是现代都市男男女女选择的一种新生活方式。让人们一边自由地享受爱情的果实，一边无拘无束地生活在无枷锁的生活状态下。然而，对于同居生活我还是

不能接受，也许同居对于男人来说，成本是零，但是对于女人来说，如果碰上一个错的人，走不进婚姻，那么这种伤害是致命的。这不是危言耸听，我有一个朋友就曾深受其害。

李敏是我们公认的美女，所以身边不乏追求者。但是对于追求她的人，她总是很小心地拒绝。她告诉我，她不喜欢帅哥，也不喜欢才子，那样的人靠不住，我们喜欢，别人也喜欢。所以，她就想找一个踏实的人结婚过日子。我不明白她为什么如此没有安全感。

后来，李敏恋爱了。对方长得很一般，身材不高大，但是举止斯文，风趣幽默。最重要的是对李敏非常好，随传随到，百般体贴。

随着彼此的了解加深，他们同居了，一晃就是两年。李敏在一个县城里当老师，在那个地方，同龄的女人，孩子都快能打酱油了，比她年纪小的同事也嫁人了，李敏开始渴望婚姻。但是，她并没有把这种愿望表达出来，她想只要两个人在一起生活，彼此还喜欢，那么婚姻是水到渠成的事，可事实恰恰相反。李敏的男朋友只享受这种同居生活，似乎并不急着结婚。

李敏是个倔强的人，男友不提，她也不提。她总以为一个女人不能总提结婚的事，这样会让男朋友觉得自己在逼他。而在她男朋友看来，只要他把挣来的钱给李敏花，肯给她买漂亮的衣服穿就是对她好，偏偏李敏需要的不是这些。

我了解李敏的为人，她是个对钱没有多少概念的人，钱多了多花，少了少花。以前，她就跟我说过，她不需要老公多么富有，关键是夫妻感情要好，只要感情好，齐心协力地奋斗，什么好日子都会有的，但李敏的男朋友根本就不了解她。他只是怕结婚，怕那一张结婚证，更怕担负起家庭的责任。

此时的李敏感到很害怕，她怕等她青春不再的时候，男友会突然撇下她，找其他年轻的女孩儿。那时，孤零零的她更难找到

好的归宿，毕竟这样的同居关系不能用责任来制约彼此。

记得倪萍在《日子》一书中，描写她与陈凯歌同居日子时，曾有这样一段“我们在一起的日子是逃避公共关系的日子。陈冲曾对我说：一个男人要真是爱一个女人，无论如何他都会娶她的。一个不打算娶她所爱女人的男人是没有责任感的男人，你决不能信赖这种男人。痛苦的是，他无数次以真诚的感情、良善的行为告诉我，他爱我，他不愿意离开我，他的生命里不能没有我。可悲的是，我相信。”

虽然李敏与男友不用像倪萍描写的那样，要躲开公众的视线，但是，这种不伦不类的生活已经让李敏厌倦。她特别怕别人问她：“你什么时候结婚啊？”因为连她自己都不知道答案。她真不知道这样没有婚姻保障的日子还要持续多久，为什么自己结个婚就这么难。在向男友下了最后通牒之后，李敏等待着男友的态度。她在心里告诉自己，如果男友再不肯结婚，她只有选择离开。

我很同情李敏的遭遇。也许，有很多人会说，都是她自己造成的，谁让她轻易与人同居呢。我不是为李敏开脱，她真的是一个好姑娘。女人总是感性动物，情到浓处总是愿意付出所有，只可惜她遇到的不是善良的人。

【闺房私语】

第一，不要贸然将自己交给一个男人。

很多男人对于女人，在得手之前，都会像奴隶对待主人一样地对待。一旦得手了，就会把你当作奴隶。所以，轻易相信一个男人，不仅让自己徒留伤心，还会害得父母为自己操心。如果一个男人真的爱你，会放开自己的私欲为你着想，

会想着如果将来你们不能在一起，你如何在你的丈夫面前更加自信。如果一个男人不愿意与你结婚，说白了就是爱你不够深，甚至是根本就不爱你。

第二，女人是高贵的，一定要保留自己的骄傲和自尊。

青春也就那么几年，我们应该尽情地享受生活的美好，而不是提前投入到柴米油盐的琐碎生活当中，糟蹋自己的美丽。如果一个男人真的爱你，请让他拿出诚意，用戒指和婚姻来留住你的人，否则请他走开。在爱情面前，誓言不值钱，只有实际行动才是最可贵的。听到这儿，你还会选择与人同居吗？

果断地对不爱的人说“No”

一年前认识了张瑞，在一个群聚会上。当时，我对任何男人都没有兴趣，因为我正纠结在前一段感情里。然而，张瑞不知道从哪里知道了我的电话，断断续续地开始了对我的追求。女人在失恋的时候，往往是最脆弱的，尽管对张瑞没有爱的感觉，但是我清楚自己很需要一个人陪我走过那段泥泞，所以我一直没有拒绝他，若即若离地交往着。

渐渐地，我走出了前段感情的阴霾，也开始重新审视我和张瑞之间的事。张瑞是一个好男人，尽管他对我的关心很让人感动，但是我对他只有一种兄妹之间的感情，始终无法上升到爱情。我想，这样继续下去，对他对我都不公平。所以，我开始渐渐地疏远她。

每次他约我，我总会找这样那样的借口推脱。可是，张瑞总是不厌其烦地打我的电话，如果我不接，就直接来我家等我。对于他的这种做法，我很无奈，我开始躲着他。可是不死心的他居

然找到我公司的楼下，在我下班的时候拽住了我。对我说他爱我，要跟我结婚。我对他说："我对你的感觉像亲人一样，我们可以继续做朋友，但是绝对不会成为恋人。"可是，他仍然不放手，一定要我答应嫁给他，还承诺一辈子对我好。

如果我是一个对感情的期望值很低的人，也许就这样和张瑞成为一对儿，可我偏偏是一个爱情至上的人。为了赶紧让他离开，我对他说我要想一想，过几天给他答案。

果然，一周内没有了张瑞的电话。我以为他想通了，有一种如释重负的感觉。可是，一周刚过，就又接到了他的电话，问我想得怎么样了？我还是三个字：不可能。听完我的话，他挂了电话。

第二天，我照常上下班，刚走出公司的大门，就看到了张瑞。我们走到了一片空地，他用很严肃的表情对我说："你是不是真的不打算跟我在一起，那以前为什么和我走得那么近?"听他这么说，我心里有愧，当时的确是我自私，想找个人陪我度过那段日子。我充满歉意地说："以前是我不好，我以为我能爱上你的，可是事情不是那样，我们还是算了吧。"

张瑞狠狠地说："我最后问你一遍行还是不行。"听到他威胁的语气，我也火了，明确地告诉他："不行。"我刚说完，他啪地一巴掌打到了我的脸上。我感觉自己受了莫大的耻辱，扭头就走。

事后，张瑞一个劲儿地给我道歉，说自己当时太冲动了，都是因为太在乎我了，等等。但是，无论他怎么纠缠我，我再也没有见过他。

【闺房私语】

第一，如果你不爱一个人，一定要与他保持安全的距离。

如果你享受着别人对你的好，又不打算付出你的感情时，麻烦就会接踵而来。而要拒绝一个男人，态度一定要坚决。拒绝难免是一种伤害，但不能因此而犹豫不决。既然是爱上你的人，对你的言行都非常敏感。如果你拒爱的态度不够坚决，很容易造成对方的误会，尤其是对方处在深爱你的状况，你所采用的出于礼貌或者是顾全的思想，会让对方觉得你也是爱他的，至少是让他觉得还有希望，这样往往带给他比遭受拒绝更大的伤害。

第二，拒绝别人也要讲究一定的方法。

如果方法不当，不仅会给对方带来伤害，甚至会惹怒对方，从而造成对方对自己的伤害。为了减少伤害，你不妨先对对方的人品和才华等加以赞许，然后说明你为什么不能接受他的理由。尽量把不合适的责任归结到自己身上，给足对方面子。当然，也有一种人，绝对不允许别人拒绝自己。对于这样的人，不妨在他面前丑化自己，不修边幅一点、言行粗鲁一点，我想，这样的你足以吓跑他了。

第三，选择合适的时机。

一般来说，不要在对方刚表白了爱情时立即加以拒绝，这会令对方很难接受；但也不可拖延太久，会给对方造成误会。当然，具体选择什么时机，要视具体情况而定。最好是在对方表白后的三四天时间内，这样对方的情绪也比较稳定了，你的拒绝不会让对方感到太受伤害，同时，也让对方明白了你的态度。这样的事，尽量不要面谈，电话说清楚就可以了，这样才能保证万无一失。

第四，女生拒绝男生大全：

1.“对不起，我配不上你。”

毋庸置疑，这是最好的台词。你只需滔滔不绝地数落自己的不是，拿出最大谦虚的本事，拼命抬高你目前的男友，贬低自己就可以。要知道，在这种时刻，给对方再多的面子，都不为多。

2.“你可以找一个比我好的。”

这句话和上面一句差不多，但是更委婉，更替他着想。“你有钱、你英俊、你有大好前途，你完全可以找到一个比我更好的人。”看，连出路你都替他想好了，女人的体贴在这一刻充分显示出来。

3.“我不想伤害你。”

找一个情调比较好的地方，用楚楚可怜的语调向对方倾诉他对你的好，“我一直都不知道要找一个什么样的男人，你对我这么好，我以为这就是爱情，可是……”切记，千万要让他感觉到，不能在一起是你的损失，你也很无可奈何。这样，即使是你把他甩掉，也依旧是个善良的女人。

4.“我的妈妈不同意。”

爱情和亲情的冲突，是很多感情都要遇到的问题，而这也是很好的借口。如果因为亲情而舍弃爱情，没有人会指责你。

5.“我会永远记住你的。”

对一个被你抛弃的人表示出温情，会让他觉得你并不是冷酷无情的女人。

6.“别烦我，我们都冷静冷静吧。”

如果还没有勇气把他给甩了，那就多说两次这样的话吧，让他自己体会你的暗示，相信只要是智力正常的男人，两三次下来，也就不会再做无谓的纠缠了。这个冷静的时间嘛，就你自己定了。

7."你能不能注意点形象。"

你可以从他的衣着、发型、行为举止各个方面开始挑剔，表明对方已经不再令你满意，你要时时刻刻不忘数落他的种种不是，当然这些不是他一朝一夕就能改掉的。说白了，就是你们不再相配，分手的时间也就到了。

8."我这么爱他，他却这样对我。"

先下手为强，在你决定分手时间之前，向他的亲朋好友诉苦，"我对他这么好，他却对我这样。"你表现出的委屈和可怜，导致别人对你的巨大同情，会令他百口莫辩，在强大的舆论压力下，自然也不好对你提出的分手有什么异议。不过，这一招不到万不得已不要用，太过阴毒。

永远不要做婚外情人

晓梅是我一个很要好的高中同学，某个中学的老师，很高尚的职业，可悲的是居然成了人家的第三者。在我的印象中，第三者就是那种妖里妖气、说话嗲嗲的女人。以晓梅的气质和人品，我实在无法将她与"小三"二字联系起来。

然而，这却是千真万确的，而且是她亲口对我说的。那男人是学校的年级主任王刚。虽然不是高官却也有点儿职权，人也风流倜傥，对她更是百般地"呵护"。初相识的时候，晓梅刚刚从一段感情的泥泞中走出来。在晓梅情绪低落的日子里，王刚对她百般照顾，日子久了，两人就干柴烈火地爱了起来。晓梅明知道这个男人有老婆，但她还是心甘情愿地和另外一个女人分享同一个男人，无法自拔。可是时间长了，当爱情的灼热逐渐降温时，晓梅认识到自己只不过是他的消遣工具，圈养的宠物，他们之间所谓的爱情永远不会超过原配夫妻。

一次出差回来，王刚给晓梅买了一块价值 1 000 元的浪琴手表，晓梅心里自然是美滋滋的，觉得王刚很在意她。当晚王刚没有回家住在了晓梅那里。可是，意外地，晓梅在他半拉开的公文包里发现了另一个精美的腕表盒，通过标签晓梅发现，是著名的劳力士女表，打开看来，小巧的价格签上写着：人民币 8 000 元。晓梅自然心生疑虑，但直觉在暗示自己，那块手表一定是王刚给自己老婆买的，果然，没过几天晓梅看到王刚的老婆领着孩子来学校里找他，那女人的腕上正是刺痛晓梅眼球的那块劳力士。一瞬间，晓梅感觉自己被羞辱了，她幡然醒悟，第三者永远敌不过正室！

像这样的事情很多，大到手表，小到家庭用品，王刚永远想着自己的结发夫妻。一旦晓梅醋意大发，说起王刚老婆的不是，他马上翻脸走人。的确，从外表上看，男人愿意为第三者挥金如土，但实际上那只不过是用他财产的零头去捕获第三者浮浅的心态，并且不是心甘情愿的。因为他们懂得一个道理，偷腥必然要付出一定的代价，世上没有免费的午餐，没有白上的床。而出轨的男人给自己的老婆花钱，无论是处于心里有愧，还是真情实意，至少有一点，他不会认为钱花得冤枉，即便是有一天，真的和老婆分道扬镳，他还是会斟酌把自己认为重要的东西留给老婆孩子，但和第三者分手后，男人很少会考虑第三者今后的日子怎么过，甚至会很快地把自己从和第三者的纠缠中剥离出来，正是所谓的“快刀斩乱麻”。

晓梅也真切意识到了这一点，非常后悔步入了婚外情的怪

圈，尝够了做第三者的酸甜苦辣以后，她决定结束这样的生活。她辞去了原来的工作，来到了另外一座城市。熬过了那段最痛苦日子，晓梅渐渐恢复了以前的快乐，这样的生活让她感到前所未有的轻松。后来，晓梅又一次恋爱了，对象是她的大学同学。今年五月，晓梅穿上了婚纱，过上了幸福的生活。

【闺房私语】

第一，与已婚男人保持一定距离。

如果有已婚男人向你表现出好感，一定要将苗头扼杀在摇篮里。在言语中透露出自己已有男友，并且很爱自己的男友。哪怕男友只是虚构出来的，也能让对方明白自己的意图。如果对方继续紧追不舍，可以叫来自己的男性朋友充当男友，偶尔露个面，相信对方也就知难而退了。

第二，不要奢望已婚男人的真爱。

在男人眼里，情人就是性的补充，他们只有在精神空虚时才会想到情人。对于他们而言，情人永远是替代品，用来寻求他们在老婆那里得不到的刺激。

作为婚外情人，你永远得不到已婚男人的真爱。也许他不再爱他的老婆，但当事情败露时，你不要指望他会站在你这边，你只是他的一个性伴侣、一个随时可以抛弃的物件而已。而老婆才是他永远的港湾。当然，也会有为你放弃婚姻的男人，但是你要清楚，可以为你放弃婚姻的男人，同样可以为了别的女人抛弃你。这么简单的道理，你应该清楚。

第三，要洁身自好，对自己负责，对家人负责。

如果你不小心成为了别人的第三者，奉劝你赶快刹车！男人的话不可信，不要拿自己的感情去做赌注，你的感情应

该在你的家庭、在你的男友或老公那里。情人最终只能是一场悲剧，走得越远伤得越深，到头来把自己弄得遍体鳞伤，真的不值！

如果你还没有这样的经历，一定要保持住自己，不要去靠近婚外情的游戏，搞不好会把自己伤得的支离破碎。婚外情很累，痛苦远远大于快乐，一旦陷进去很难自拔，不要去引火烧身，不要相信男人的鬼话，你要清楚，只有肯给你婚姻的男人才能带给你真正的幸福。

第四，不做大龄“剩女”，在适当的时候嫁人。

有两种人最容易成为婚外情人，一种是贪图钱财的女人，另一种是大龄“剩女”。第一种自不待言，为了钱可以满足男人的任何要求，不惜牺牲自己的身体。而第二种则是因为孤单寂寞，一个许久未体会到关心的女人，一旦出现一个对自己关怀备至的男人，自然会陷入他的温柔乡。因此，女人应该什么时期干什么事儿，毕业以后一定要把爱情、婚姻提上日程，且不能耽误了这两件大事。

不要一味地迎合男人

对于男人我是陌生的，不知道他们究竟喜欢什么样的女人。有的朋友告诉我，男人喜欢有个性的女人；又有朋友告诉我，男人喜欢听话的女人。但是，在我印象中，我身边这两种性格的女人都有，但是偏偏她们都有过失恋的经历。莫非，男人软硬不吃？究竟什么样的女人能征服他们。

冥思苦想都得不到答案，但是理性告诉我自己，女人一定要保持自己的个性，而不是一味地去迎合男人，否则会输得很惨。

舒雅就是一个最好的例子，至今我还清楚地记得她对我哭诉的样子，她说过的话至今历历在目。我试图将她跟我说过的话以第一人称的方式还原给大家，希望给可怜的女人们一点借鉴。

我不是一个贪心的女人，对生活的要求也并不高。相夫教子，经营一个家和夫妻关系是我的全部快乐和成就，偏偏我付出了一切，换来却是彻底的失败。

我曾经试图努力迎合老公的喜好，可是结果却是徒然的。

丈夫是我的初恋，由谈恋爱到结婚，我一直迁就他。他很大男子主义，从来不允许我和他叫板，即使是他的错，到最后也成了我的错。我有我的想法，却不敢表达，他总有一万个理由把我压下，我只好把内心细腻的感受和一些对他情感的要求收藏起来，我想，既然我爱他，那么他要我做的我就一定要做到，满足他，也是我的成就啊！我甚至傻傻地以为，这就是爱！

当我意识到不能这样生活下去时，迎合对于我来说，却已经变成了一种习惯，无法戒掉。他不喜欢我工作，我就辞掉工作在家带孩子；他不喜欢我见朋友，我就一个也不见，渐渐失去一切朋友；他不喜欢我上网怕我学坏，我就不上；他脾气很倔强，工作上不愉快，回来就拿我撒气，我也都默默地忍受着。

丈夫经常用语言来打击我，在他身边我变得越来越不自信，甚至有的时候，明明是他的错，我却在内心里怀疑是我做得不对。对于我们日益增多的矛盾，我更不知道怎么解决，每次想跟他交流时想到的是他的不理解，专制霸道和指责的态度！

有的时候我想以离婚来解决问题，可是我知道我还是放不开他，但这个念头又总是在脑袋里浮现。考虑到孩子和很多现实问题，我委屈得想哭，我希望自己爱的人能帮助我，可是我的丈夫却完全不理会我的感受。我真不明白这么多年，是什么支撑我跟他走下去的。

我不知道自己应该怎样做才能达到他的要求。我觉得我从丈

夫那里得到的关爱太少了，所以曾经用各种方式引起他注意，比如说让自己生病，可是，我没有从丈夫那里得到任何我想要的结果，反而伤害了我们的感情，因为他觉得我很烦，觉得我身为妻子不知分寸。

如今，女儿是我唯一的希望，我爱她胜过一切，她是在我没有准备的情况下来到我身边的，为了留住她，我做了很多努力，甚至勉强维持这场婚姻。

然后，婚姻已经改变了我，让我变得没有耐性，老是发脾气，事后又后悔，告诉自己下次不能这么做，可是再有事情发生的时候我又会忘了自己的想法。

在自己相信和熟悉的人面前我是个开朗的女人，但是在家人面前我却完全是另外一个形象。我觉得我把一切押到爱情和家庭上去了，因为爱迷失了自己。可是，我苦心经营了 5 年的婚姻，已经到了彻底失败的地步，我真是个失败的女人。

至今，舒雅的哭诉还深深刺痛着我的心，作为一个女人是多么的不容易。有时候我想，男人真是可恨，女人所有的伤害都是他们带来的，但是转念一想，男人如此骄纵是不是女人也有责任呢，正是女人的宽容纵容了他们。如果你不想把自己的老公宠坏，那么你真的要好好想想了。

【闺房私语】

第一，女人是高贵的。作为女人，应该把自己摆在一个重要的位置上，你的作用不仅仅是煮饭婆和使用洗衣机。你可以爱自己的男人，为了爱，你可以为他做一切，但是你要确定你所做的一切是值得的，对方会领情，否则，停止你的付出。

第二，女人应该有主见。作为女人，你可以表现出小鸟依人，乖巧地躲在爱人的身边，让他们充当你的保护伞。但是，你要保证一旦这个保护伞离开后，你能独立生活。离开了他，你也能为自己的事情做决定。只有独立、有主见的女人才能获得别人的尊重。否则，你就是寄生虫，没有人会尊重一条寄生虫。

第三，女人应该适当地说不。不要什么事情都依着他的性子，他说东你就向东，他说西你就向西。没有任何人能指挥你的人生，你应该做自己航船的舵手。不要以为听话就能得到男人的宠爱，你的顺从只能让男人更加肆无忌惮地无视你，男人的得寸进尺绝对不是传说。

第四，女人要好好爱护自己，没有人值得你为他改变。当你一味地迎合对方的时候，你就失去了自己，也失去了对方。

女人，不能永远保持沉默

一天早晨，在媒体工作的陈辛要赶到展览中心。展览中心门前的一处人行道因临时施工，只留出了仅供两名行人擦身而过的宽度。当陈辛行至此处时，迎面走来了一位衣着整洁的中年男子。就在两人交会的一刹那，男子突然平移两步，拦住了陈辛的去路。陈辛下意识地让到另一边，没料到男子马上又挡了过来。如此反复几次后，陈辛觉得不对劲儿了，抬起头来看到的是一张幸灾乐祸的笑脸，她这才明白自己遇上了性骚扰。对此，陈辛无可奈何，大叫了一声你有病啊，转头往回走。

像这类防不胜防的公共场所性骚扰，给众多女性带来了烦恼，然而，遇到这样的事儿，女性通常的做法就是自认倒霉，既不会为自己讨个公道，也不会追究骚扰人的责任。这样一来，不仅自己的权益得不到保证，更加助长了坏人的嚣张气焰。

作为女人首先要克服女性的软弱和矜持，对遭遇的骚扰行为要给予坚决的反击。如果对方的行为没有那么过分，女性可出声制止，把拒绝态度明确而坚定地表达给对方；同时要让周围的人知道你受到了侵犯，将色狼“曝光”于众目睽睽之下，对其不失为一种“道德惩戒”。当然，必要的时候，也要进行正当的防卫，让他们知道女人的厉害。

【闺房私语】

色狼专门挑一些软弱的女人下手，只要你奋起反抗，色狼也拿你无可奈何。只是你要记住其中要领，不可到时慌了手脚。那么，究竟该如何对付色狼呢？或许以下方法会对你有所帮助。

第一，撒——如果你一个人出门时遭遇坏人，呼喊无人，又跑躲不开，而色狼又紧追不舍。这时，你干脆就地取材，抓一把泥沙撒向色狼面部，寻机脱身或报警。

第二，撕——如果你不小心被色狼死死缠住，打斗又不是他的对手。你可以在反抗中撕烂色狼的衣裤，令其丑态百出。而后将他的烂衣裤（碎片、衣扣）提供给公安机关作为证据。

第三，抓——当你遭受侵害时，可以抓色狼的面部。当他疼得处理自己的伤口时，借机逃走。而被抓伤的伤痕，也可以作为证据来控告色狼。

第四，踢——当你碰到一个粗壮的色狼时，可以拼命踢向他的要害部位，如裆部。这是极其管用的一招，有很多女

性在自卫中使用过，这样可以削弱色狼继续侵害的能力，极见成效。

第五，变——若遭到色狼的跟踪，不要害怕，见机更改行走路线，但是，一定要选择人多、灯光明亮的地方，如果实在不能将其甩掉，还可以使用手机联系同学或报警。

第六，记——受到色狼的侵害时，一定要牢记他的面部和体态特征，以便提醒其他同性警惕这个人，或者在日后报警时能够及时辨认出来。

第七，咬——在不得已的情况下，应抓住时机咬住对方的耳朵、手指等不松口，如遭色狼强行接吻，可“稳、准、狠”地咬住对方的舌头，直至他罢手为止。

第八，刺——遇到色狼，还要学会利用随身的利器，如手指、钥匙等尖锐的东西，直接刺向色狼的眼睛等要害部位，然后伺机逃跑。

第九，喷——女性一定要随身携带一瓶喷发胶或着哩水，遇到危险时向色狼眼睛上喷，然后设法脱身，这也是很好的防身工具哦。

总之，对待色狼决不能手软，当然，我们的目的不是为了伤害他人。只有女人坚强起来，勇敢起来才能保护自己，赶走那些坏蛋。关键时刻，女人还要用法律武器来维护自己的权益，还自己一个公道。

第十章　单身女人必须学会化险为夷

谁都希望自己的一生一帆风顺，然而，这只是一个美好的愿望。生活总会抛给我们一个又一个问题，磨炼我们的意志。考验和伤害不会因为我们是单身的女人，就绕道而行，所以，我们必须练就十八般武艺，不断加深自己的道行，让自己在随时出现的危险中生存下来。

你长得够安全吗

一段时间内，朋友间流行这样一句话，“我长得很安全”。言外之意是，我长得不漂亮，恐怕犯罪分子对我都不感兴趣。事实上，长得“安全不安全”，跟漂亮不漂亮没有直接关系。

一个朋友向我哭诉，她刚到一个新城市，三个月之内手机、钱包、电脑……能想到的东西全都丢了。每次见她，她都一脸“倒霉相”，对我细数什么东西又丢了。我心里总会嘀咕：为什么受伤的总是她？后来我在一本书上找到了答案。

书中说，犯罪分子有一种心理，专挑软柿子捏的，他们更喜欢攻击那些看上去比较弱的对象。他们会观察到人们不经意之间发出的信号，从而判断哪些人更容易得手。有人做了这样一个实验，到街上随意拍摄了一些人的行为，然后把录像带拿到监狱给那些因抢劫、强奸或者故意杀人而入狱的犯人们看，并要求他们在短短几分钟内确定目的。意外的是，犯人选择的目标竟出奇地一致！他们选择的都是一些心不在焉、行为拖沓的那种人。

坏人也要保证自己成功的几率，他们在下手之前，首先会先估计一下对方的实力。只有面对那些有百分之百把握的人，他们才会动手。在他们看来，个子高、体型胖的人虽然看起来比较吓人，但相比而言，那些四肢灵活的人其实更难对付。这从走路姿势就可以判断出来，那些走路稳健的人明显平衡感要好些，估计身手也较矫健，一般都不是好惹的主。反之，那些走路颤巍巍的就容易得手了。

那些看上去比较瘦弱的人，如果在气势上压倒对方，同样可以让坏人退避三舍。一个强奸犯在接受采访时说："只要那个女人表现出一点点难以对付的迹象，我就会放弃这个目标。周围环境不好控制，我也放弃。还有那些养狗的，哪怕狗再小，我也不会作为目标。当然，如果屋外有男士用品的，那我肯定直接掉头走人。"

【闺房私语】

第一，不要走路打手机。

随着科学技术的发展，手机的普及程度大大提高，几乎人手都有手机。有很多人习惯走路的时候打手机，他们认为这是一个很好的警示信号，因为可以及时呼救。其实不然。打手机可以使人分心，还有听 mp3 也是。携带武器的犯罪分子最喜欢对走路不专心的人下手。一脸茫然地东瞅西看，这样的人肯定没工夫照顾自己的钱包和手机。

第二，提高辨认能力。

大多数女性受侵害者有一个共同的特点，她们辨识人的面部表情的能力要比一般人差。这使得她们无法准确分辨那

些将自己置于危险之中的信号。而强奸犯却有着高于一般人的辨识面部表情的能力，他们可以看出哪些人比较容易得手。

第三，随时表现出自信。

俗话说，做贼心虚，大多数坏人往往缺乏安全感，一点风吹草动都可以让其闻风丧胆，他们会精心选择自己容易控制的目标和地点，伺机作案。所以，长相并不是决定你是否受侵害的唯一因素，关键是看你的精神状态。如果你是一个自信、谨慎、勇敢的人，那么伤害将永远远离你。

遇到危险切忌六神无主

李丽毕业以后，一直在外企从事销售工作，因此极其擅长与人打交道。性格开朗的她喜欢旅游，玩户外运动，业余时间，她还会玩玩儿摄影，她尤其喜欢拍摄人像，正因为这样，她具有在一瞬间就抓住人的特点的本领。然而，谁也没想到，在瞬间对人做出判断的本领却救了她一命，让她可以刀下逃生。

春节前的一天，时间还不到下午 5：30，李丽就下班了。因为公司要清洗地毯，所以一向很晚下班的她，也早早回家了。经过水果摊的时候，她特意买了一堆水果，准备晚上一个人慢慢享用。在父母的资助下，李丽刚刚贷款买了房，由于父母在老家还没有退休，所以暂时一个人住。

李丽是一个习惯独来独往的姑娘，经常性的出差让她觉得一个人也没什么不妥。也许是户外运动养成的习惯，李丽一直都相当谨慎。打开房门，放好水果，她迅速地反锁了门，也就在她锁门的那一刻，她听到卧室门也发出“嗒”的一声。

李丽大踏步地向里面走去，想看看究竟是什么状况。卧室的门意外地关着——这不符合她的习惯。一般来说，她会把防盗门窗都锁紧，但房门却是随意开着的。

因为买的是顶楼的房子，因此装修的时候她特意在阳台上的防盗窗上装了一个逃生口。她平时用一把锁把这个逃生口锁住，不过今天，这个逃生口的门是虚掩着。当时，她没有发现。

推开卧室门，眼前的一切令得她惊呼了一声，里面的东西被翻得乱七八糟。很快，有一个个子不高的男人，拿着刀冲了出来，没等李丽反应过来，就抓住她，把她逼到客厅的一角。面对明晃晃的刀具，客厅的门又被反锁，跑是跑不掉了，李丽只能乖乖地听话。李丽的心里非常害怕，但她强迫自己镇定下来。

那个男人的第一个要求很简单，不许叫，不许反抗。李丽注意到，他的身材瘦弱，脸上全是细密的汗滴。很明显他也很紧张，可能是新手，极有被说服的可能。冬季的七点多已经很黑了，这么冷的天没有人会注意到她家所发生的一切。在这样的情况下，李丽唯一能做的事就是说话。

李丽心里清楚，自己付了房子的首付已经没剩下什么钱，这个男人根本就不能从她家翻走什么东西。她叹口气说："唉，多不值得啊。你碰上的也是个穷人，我刚刚买了房子，还是贷款买的，手里根本没有多余的钱。你翻了半天没找到什么吧，只有一些不值钱的首饰，都是我从西藏买的，银的，你喜欢就拿去吧。"李丽说的是实话，那些小东西都是她买来玩儿的，都是些藏银和苗银，只有小女生才会喜欢，根本激不起别人对财富的欲望。也许是对猎物很失望，李丽感觉得到，这个男人当时唯一的想法就是"安全撤离"。索性她说："你走吧，如果你为了那么点不值钱的东西伤害了我，你以后的生活也会有阴影的。马上要过年了，你家人也希望你回去团聚过个好年，如果你不嫌少，我包里还有点钱，拿去当路费吧。"

李丽自顾自地说话，说着说着，自己也不紧张了，越说越有道理，如果不是那把刀还抵在她身上，整个气氛好像还很融洽似的。那个男人指着卧室说："你到里面去。你要是喊，我以后还会来的。我认识你家。"

李丽说："你走吧，我不动。"她强迫自己更镇定一些，更淡然一些。她甚至为那个男人指了指门口的位置。而那男人一闪身，迅速扭开客厅的门走了。

那个男人离开后，李丽一下子瘫软在沙发上，浑身颤抖。几分钟后才回过神来，想起的第一件事是给爸爸妈妈打电话，告诉他们自己的惊险经历。没料到，父母接到电话后，竟然连夜买票赶了过来。

【闺房私语】

第一，无论是在家里，还是独自在路上，故意给人造成有男人陪伴的假象，比如把父亲的拖鞋摆在门口，在路上给父母打电话装成是给男友打电话等等。

第二，遇事要镇定。遇到危险时，过分的慌张只能让对方做出更莽撞的行为，也许多一声惊呼，那把长刀就会捅进她的身体。

第三，当你已处于歹徒的控制之下无法反抗时，能做的就是按照他们的要求去做。当然，这个过程中可以理直气壮地对作案人进行说服教育，晓以利害，造成作案人心理上的恐慌。切不可一味求饶，要保持镇定，采用幽默放松的方式，表明自己并无反抗的意图，使歹徒放松警惕，见机行事。

第四，事后不要马上给家人打电话，因为这样不仅不能解决问题，只能造成家人的恐慌，让他们担忧，因此，第一时间通知警察才是正确的选择。

利用好紧急电话号码簿

我特别喜欢中国的一个成语，防患于未然。对于任何事情的发生，都要有所准备，这样遇到事情就不会手忙脚乱了。尤其是在人身安全方面，更要注意防患于未然。不要以为那些不幸离我们很远，其实，当我们忽略它的时候，它就潜伏在我们身边了。

我曾经在朋友中做过一个调查，如果遇到危险，你的第一反应是什么？朋友的回答五花八门，有的说，无为而治，任人宰割；有的说，找警察；有的说，殊死抵抗；也有的说，大喊大叫，请人帮忙。接着，我又抛出了一个问题，那么，你们对危险有什么预警吗？回答惊人的一致：没有。

而有的人就很有危机意识，一些女性知道自己作为弱势群体，很容易遭遇不测，因此，会在包里放一瓶香水，或者放一些可以御敌的东西。也有的人在自己的手机上设置了快捷键，以便及时向外界传递信息。我觉得这是一个很好的习惯，并且建议大家，不妨做一个紧急电话簿，以便在遇到危险时，给自己留条后路。

【闺房私语】

第一，牢记紧急电话号码。

有几组号码应该深深地刻在我们的脑海里：110、119、120、122。当我们遇到危险的时候，不要忘记拨打这几个号码。

第二，牢记紧急电话号码簿。

求救电话也有失灵的时候，或者公务人员没有及时出现，不能解救你于危难之中。为此，我们有必要为自己准备另外一本紧急电话号码簿。能出现在这本电话号码簿里面的，一定是最值得你信任的，最关心你的，能第一时间出现在你面前的人。

第一组：附近的邻居。我一直都强调邻居是一根救命稻草，如果危险出现在家里，他们是能给你最直接的帮助的人。或许他没有亲人关心你，也没有朋友值得信任，但是，他们是离你最近的人，一旦出现危险能够第一时间出现在你的面前。因此，我们应该尽量搞好和左右邻居的关系，最好达成一个共识，遇到危险的时候以什么为信号，向彼此求助。这等于为自己的门多加了一道锁，在我们和坏人之间设了一道屏障，更让人放心。

第二组：朋友。谁都有几个关系较好的朋友，你们之间不仅有很多共同的话题，而且有非同寻常的默契。你们能在同一个时候，想同一件事；对一件事情持相同的看法，甚至能听懂你所说的隐晦的话。这样的人，当然成为你紧急电话号码簿的首选号码。你可以利用你们的默契，神不知鬼不觉地把求救信号发出去。

第三，读懂别人的求救信号。

有了紧急电话号码簿，你获救的可能就大大提高了。当然，同时你也要注意，因为你也可能会成为别人紧急电话号码簿上的一个号码，这个时候，你就要注意你的朋友、亲人在电话里是否有异常。如果你的朋友说话的方式与平时不太一样，突然用另外的口气或者语言和你讲话，电话里说她正和你本人在一起，和已过世的人在一起，和你们双方都知道的出差、出国的人在一起，和任何不可能的人在一起，你不要以为对方疯了，骂她有病，这极有可能是对方发来的求救信号，这时，你应该想到一定是对方出了意外的事情。

这时，请你记住任何与地点相关的信息，如果她没说地点或者地点说得不够详细，要尽量问清楚，问的问题应该是对方能用对或不对，是或者不是回答的，比如是在某某家吗？切忌不要说出你和她的真实关系或者任何实际情况，以防对方是在被迫情况下用手机扬声器或是用免提电话和你通话的。

这不是没有前车之鉴的。曾经有一个妇女被劫持，正好她的老公打电话过来，她在电话里应付了一通，说正与她妈妈外出。随后警察赶到，被害人得救。原因就在于，她妈妈早已去世，她丈夫马上意识到妻子遇到了危险，及时报了警。

而有的人就没有这么幸运了，同样是一个女孩儿被绑架，她与歹徒周旋说没钱，只是小白领，歹徒要其打电话跟家人、朋友借。她很机警地跟家人、朋友每人借三五千，当然有朋友立刻反应过来，她不可能找他们借这么点儿钱。结果她自己的姐姐竟然在电话里大呼："你还跟我哭穷，你刚赚了钱"，而当时，歹徒正在通过免提听着谈话内容，结果

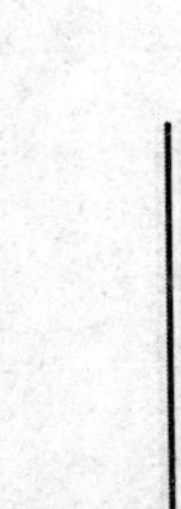

酿成惨重后果。

在那种紧要关头，能不能听懂求救信号，决定着另一个人的生死存亡，因此，我们必须时刻保持警惕，为自己也为别人的安危。

记住，生命比金钱更重要

无论是诈骗，还是抢劫，排除那种劫色的情况，坏人唯一的目的就是一个“钱”字。因此，当我们遭遇危险时，要保证人身安全，最直接的方式就是放弃财产。可是有一种人，偏偏把钱财看得太重，以至于不仅没有抓住金钱，甚至丢了性命，损失更大。

我看过这样一个报道，一个下夜班的女孩儿独自回家，在一个偏僻处遭遇抢劫。劫匪抢走了女孩儿的手机和包，包里大概有一千多块钱，是女孩儿一个月的工资。眼见着劫匪要逃跑，女孩儿冲动之下，竟然追上去，向他索要自己被抢走的东西。被逼急了的劫匪竟然拿出刀，向女孩刺去，随后逃走。后来，女孩儿被路人发现，送到医院，被抢救了过来。

看到这样的报道，我的心里久久不能平静，我不断地反思一个问题，为了钱不惜丢了性命，值得吗？当然不值得，就算是要回被抢的钱，也要讲究方法，不能蛮干啊。这不得不让我想起我的一个同学，她也曾遭遇过这样的事情，她处事的冷静不得不让我佩服。

那是上大学的时候，有一次，她坐公交车去买书。快到站的时候，就感觉有人故意往她身上挤，她很警惕地摸了摸钱包，不见了。再回头看看后边的中年人，她明白了一切。同学清楚，在这种情况下，不能喊，尽管车上人不少，但是如果真的有事发

生，不一定会有人帮自己。于是，她走到那个中年人旁边，悄悄地说：“叔叔，我还是学生，那是我一个月的生活费，您把钱包还给我吧。”见中年人没答话，同学还故意抹了抹眼泪，心想，要不回来也没办法，认倒霉吧。等车到站时，同学下了车。她很自然地又摸了摸钱包，没想到，钱包神奇地出现了。同学的经历，真的值得我们好好借鉴。

【闺房私语】

第一，如果你是一个人出门，尽量不要带大量现金、贵重物品和重要证件。如果是非带不可，尽量避免乘坐公共交通工具，尤其是人多的时候。

第二，遭遇小偷，要学会随机应变。

如果看见周围男青年比较多的情况下，可以理直气壮地叫小偷把东西拿出来还给自己，但是如果周围人少，或者是晚上，而且全是女人，老人，小孩儿的话，那么就算发现有人偷你钱包，也不要逼急了对方。

第三，遇到抢劫，保命要紧。

一般劫匪手里都会有凶器，如果你碰到抢劫的，把包给他，然后迅速撤退，给包的时候最好是扔过去，劫匪一般看重的是钱，拿到钱后对人就不感兴趣了，你可以趁机逃跑。作为一个弱小的女子，如果不是有武艺在身或有人帮忙，一定不要反抗，不可为了一个包丢了生命。

第四，走路要走人多的地方，并且不要靠马路太近。

如果遭遇飞车抢包，不要与歹徒硬拉，由于摩托车或电动自行车车速较快，容易被拖倒受伤。如果一定要对拉，用力方向要向飞车行进的斜下方向拉，而不要直着向后拉，如

果拉一下不起作用应立即松手。另外，要记住歹徒的特征和车牌号，并尽快报案。

及时向外界传递求救信息

如果你遇到不幸，被坏人劫持，你想到的第一件事是什么？跑，对，但是如果跑不掉呢？等，不对，有谁知道你目前的处境呢？最理智的办法就是利用一切机会向外界求救。

曾经有这样一个报道：一位王女士有一套闲置的房子要出租，就把房子的信息和自己的联系方式发到了网上。一名男子联系到了王女士，表明自己想租房子。并与王女士商量好去看看房子。当他见到面容姣好的王女士时，便起了贼心。但当时他不动声色，以考虑考虑为名离开了。回去后，那名男子找了一名同伙，试图对王女士进行伤害。

等做好准备以后，该名男子又以看房子为名约出了王女士，待见到王女士时，立刻露出了丑恶的嘴脸，将王女士绑架。在此期间王女士的电话响了，王女士告诉歹徒，电话是一名外国人打的，是她的客户，如果不接听会损失一笔生意，并请求歹徒让她接一下电话。歹徒同意了。

其实，电话根本就不是什么外国人打来的，而是自己的朋友打来的。王女士之所以这样说，就是为了掩人耳目，为自己争取机会向别人求救。随即王女士用外语告诉自己的朋友，自己正处在危险之中，请求朋友赶快报警，让警察来救自己。

王女士随便将自己的资料公布于众是不对的，但是她陷于危难之时，所做出的反映是值得我们借鉴的。无独有偶，唐纳也堪称是自救的典范。

唐纳做梦也没有想到，自己会被那个信誓旦旦要给自己幸福

的男人绑架。都是钱惹的祸，唐纳的老爸是一个个体老板，家境非常好。虽然唐纳从小就过着优越的生活，但是她并不是一个贪图富贵的女孩儿，在感情上，她爱上了一个穷小子。但是，她的爸爸并不认可他们的感情，希望自己的女儿找一个家境相当的男人结婚，事情就这样僵着。

然而，唐纳爸爸拒绝的态度，触动了男友的神经，一怒之下，他绑架了唐纳，向其爸爸索要 10 万块钱。男孩儿把唐纳带到了一个酒店，把她关在酒店房间里，并让她给自己的爸爸发短信，让他拿钱过来。愤怒已经冲昏了叩男孩儿的头脑，他不再顾及与唐纳的感情，只想着拿到钱，过上有尊严的生活。唐纳再三恳求，也没有换来他的怜惜。唐纳突然意识到，要活命一定要自己想办法。

酒店一般都会为顾客准备一些纸和笔，以便在离开时，留下对服务的意见。唐纳脑子里灵光一闪，知道自己该怎么做了。她借口上厕所，让“男友”解开了自己手上的绳子，她不动声色地把笔拿在手里，随后来到了洗手间。关上洗手间的门，唐纳从口袋里掏出一张 50 元钱，在上面写道：“我被绑架了，现在在某某酒店，某某房间，快救救我。”随后，她走出卫生间。

回到卧室，唐纳央求“男友”不要再绑自己，并保证自己一定不跑。于是，唐纳获得了自由。后来，她趁“男友”不注意，将写有文字的钞票扔出了窗外，自己则祈祷着有人发现将自己救出。两个小时后，房间的门响了，警察出现在门口，唐纳冲出去，她终于得救了。

【闺房私语】

第一，不要随便将自己的资料公布于众。如果需要发布交易信息，尽量公布家中男性的电话。

第二，如果已经遇到不测，要保持头脑冷静。仔细观察周围的环境，充分利用现有的条件，将自己被绑的消息传递出去。

第三，关键时刻，可以用外语或方言向外界求救。这样可以蒙骗过坏人，为自己获救争取时间。

第四，有的时候，坏人会将受害者绑在后备箱里。这个时候，不妨把车后灯踢破，将手从洞中伸出去，用力挥手。这个时候，驾驶室里的人是看不到你的，但是其他人看得到。只要引起别人的注意，你获救的几率也就增大了。

不要只寄希望于警察

如果不是发生在熟悉的人身上，打死我都不会相信这是真的。就在前几天，我们单位有一个女生，在家里被人入室抢劫，身中4刀！由于被扎中的不是要害部位，经抢救终于活了过来！我们办公室的同事结伴去看她，带回了这个惊险的故事。

这个女生一直一个人租住在一个比较老旧的小区，由于性格内向，平时很少和朋友往来。独来独往的她并不知道，她已经被歹徒盯了一个多月。终于在一天夜里，歹徒轻松地打开她的家门，把她掐醒、蒙上双眼、索要钱财。她一直很配合，冷静而机智地与歹徒周旋。歹徒搜走了她身上所有的现金和值钱东西，还勒令她交出银行卡的密码。同事以为歹徒拿到钱就会离开，没想

到歹徒竟然还知道她有一辆车。凌晨四点多，歹徒把她绑起来说是要出去联系买主，把她的车卖了。

过了半个小时，没有任何动静，同事估计歹徒已经离开，挣扎着松绑、报警、给自己的弟弟打电话。做完这一切，她以为就万事大吉了，乖乖地在家里等待警方支援，谁知歹徒又返回来了，俩人在客厅面对面撞上了。

看见同事已经给自己松了绑，歹徒有点儿惊慌失措。他气急败坏地质问同事是否报警了，同事极力否认，说只是给家人打了个电话。突然电话铃响了，她接了，是110的确认电话。同事反应特别快，她知道如果让歹徒知道是110打来的，自己死定了，便说“妈妈，我没事，我平安到家了”，谁知110的接线员一点儿专业精神都没有，恶狠狠地说：“我不是你妈，是110，你刚才是不是报警了？我们确认一下！”遇到智商这么低的接线员，真是同事的不幸，她不得不继续编下去，重复说“是的，妈妈我没事，你放心吧。”随后把电话挂掉！

这时，歹徒已经起了疑心，可以说同事很危险。偏偏这时候电话又响了！是弟弟打来的！原来他忘了姐姐家怎么走了，正是这个电话害了姐姐啊！可怜的同事又在编：“某某老师，明天我家里有点事情，就不去上班了，跟您请个假！”谁知同事弟弟根本就不知道姐姐的境遇，还一个劲儿地问：“我是弟弟呀，我就问你在哪个桥拐弯？”同事只好说“某某桥……”话还没说完，歹徒就抢过电话，用刀向同事刺去！刚开始同事还反抗，后来只能装死，直到歹徒离去。

【闺房私语】

第一，不难发现，打了110总台后，110随后会与出事人电话确认。对于入室抢劫的案子来说，电话确认徒增了受害人的危险指数，最可气的是，遇到那种不机灵的接线员，更是害苦了自己。所以，110有时候是不管用的，我们一定要牢记自己所管辖范围内的派出所和公安局的电话，必要的时候，可以考虑119电话来应急。

第二，不能完全依靠警察。

在最危急的时刻，要报警，但是不能完全依靠警察。因为警察也有渎职的，也有可能在处理其他案件，没空儿来理会你的事情。你可以打电话给熟悉自己住处的人，向他求救，当然这个人反映要快，和你足够默契。

第三，要记得向邻居求救。

在家遇到危险时，一定要记得向邻居求救，远水解不了近渴，关键时刻邻居才是救命稻草。因此，平时要跟邻居搞好关系，方便的话留个联系方式，这样在危急时刻才能传出求救信号，让别人第一时间来救你。

附：受益一生的《59条女性安全暖心建议》

1. 如果出门办事，最好提前告诉家人，或者在书桌上留言，写明自己何时出去的、到哪里去、去做什么、大约什么时候能返回、如果联系不上可以打什么电话询问等事项。

2. 尽量保持电话畅通，如果改变联系方式，应当及时告诉家人和朋友。另外，要定期与亲友保持联系，让他们了解自己的近况。

3. 独自一人出门在外，尽量减少和陌生人打交道，如果遇到问时间、问路等情况，知道的话，可以告诉对方，但不要主动给对方带路。如果有人坐在车里向你问路，应当保持一定距离，以免被强行掳走。

4. 夜里出门一定要选择人多的路径，人少的地方不要停留，应尽可能地与陌生人保持适当距离，以免遭受抢夺或者抢劫。

5. 女人一般都习惯用挎包，包里可以随身携带防卫工具，如啫喱水、哨子等。同时还要备一把手电筒，用做走夜路时的照明工具。

6. 到一个陌生的地方，要问路一定要找警察或保安，最好不要让陌生人带路。

7. 为防止车辆碰撞，走路时应走在人行道的中央。

8. 夜里，在没有男伴陪同的情况下，最好不要外出。如果由于工作原因晚归，尽量与同事同行，或者打电话让家人来接。

9. 如果发现有人跟踪，尽量跑到人多的广场或者商场等地，必要时打电话报警。

10. 路过天桥、地下人行通道时，要确认一下身边有没有可疑人员。不管什么情况下，都不要磨蹭，尽量加快速度。

11. 即使心情再不好，也不要一个人到一些人迹罕至的地方。

12. 在僻静的马路上行走，尽量面对车流，而不应该背对车流，以免有人停车袭击。

13. 不和陌生人讲话，不搭陌生人的顺风车。

14. 乘地铁时，如果有人故意往你身上挤，赶紧换个位置，最好在女性之间站立，远离男性。

15. 乘坐公共汽车时，尽量靠近司机和售票员。

16. 如果遇上晚上加班、需要很晚才离开办公室时，一定要乘坐正规出租车，不要图省钱搭黑车。

17. 养成良好的习惯，不要围观看热闹，有很多时候，那是坏人故意设下的圈套。

18. 提前准备好钥匙，不要到家门前才找钥匙，如果发现有人跟踪，不要立刻进家门，可以随便找个路人说话假装认识，以吓退歹徒。

19. 如果在阴暗的巷子里被跟踪，可踢打路边停放的车辆，让警报器大响，以吓退歹徒。

20. 定期检查走廊、楼道里的照明设施是否有损坏，如有问题，及时报修。

21. 遇到性骚扰不要不好意思喊出来，一定要让色狼暴露于众目睽睽之下，以示反抗。

22. 遇到有人派发传单和宣传资料的时候，尤其是晚上，尽量不要伸手去接，因为不法分子很有可能预先在传单上喷了麻醉性药物。

23. 与陌生人约见时，尽量带上朋友。见面后首先要进行身

份确认，不要因为是老乡或者朋友介绍的朋友而放松警惕。

24. 不要轻易相信在公共场所结识的朋友，更不能留下自己的联系方式。

25. 在不完全了解对方的情况下，不要轻易和对方约会，以防止发生抢劫、强奸等事件。

26. 如果使用公用电话，在通话过程中，要注意保护个人的信息隐私，免得被别有用心的人偷听，并加以利用。

27. 不要随便和陌生人说话，更不要随便接受陌生人的帮助，还是那句话，有需要找警察。

28. 最好将手机里的联系方式进行备份，以防手机丢失后难以联系亲友。

29. 及时更新手机备份，包括手机号码、办公电话、单位信息，甚至家人的相关信息。

30. 遇到坏人攻击时，要充分利用身边的物品进行反抗。如钥匙、高跟鞋、发夹等，不要因为心软，就对坏人手下留情，要知道对敌人仁慈就是对自己残忍！

31. 在求职或者租房子的时候，不要单独前往，最好有家人或者朋友陪伴。

32. 在应聘之前，一定要了解对方的底细，当心一些犯罪分子借机抢劫或者性侵犯。

33. 不要相信一些非正常渠道获得的招聘信息，不要相信一些没有正规营业资格的黑中介。

34. 遇到传销活动，一定要及时报警，同时要远离传销。

35. 在租房过程中，应尽量避免与陌生人合租。如果与人合租，必须确认对方的身份；如果订立合租合同一定要做到详细，约定不得随意将钥匙交给其他人，以免出入复杂。

36. 当不熟悉的人向你询问是否一个人在家时，一定不要实话实说，要给对方家中有很多人的假象，免得不小心成了坏人的

猎物。

37. 如果回家时发现家中被偷，不要大声喊叫，更不要贸然进屋。

38. 如果确定家中来了小偷，不要进去与小偷搏斗，应迅速拨打派出所电话报警。

39. 如果已经踏进家门，可装着主人的朋友向对方询问：请问＊＊在家吗？如果对方以亲人或者朋友的身份来回答您，赶紧借机逃走，迅速出门报警。

40. 如果发现家中失盗，不要乱动任何东西，要保护现场，以便破案，并及时打电话报警。

41. 若在睡眠中，发现有歹徒闯入，如果歹徒小心翼翼不想吵醒主人，此时应假装熟睡，避免和歹徒正面冲突，以免引来杀身之祸。

42. 初到外地，在选择住宿的地方时，不要轻易相信车站附近拉客者的满口胡言，尽量找一家正规的酒店入住。

43. 住宿酒店，要综合考查其安全情况，不要为了省几个钱，把自己置于危险之中。

44. 入住酒店后，要将所住酒店的名称、地址、房号、电话总机和分机号码等写在一张小卡片上，带在身上，以备急用。

45. 深夜里，不要与陌生人同乘一辆电梯。

46. 进入电梯后，尽量站在按钮附近，如果遇到突发事件，一定要将所有的按钮都按亮，这样一来，电梯会在最短时间内停下来，等门一开，立刻喊“失火了”，引起别人的注意。

47. 到ATM机取款时，应注意观察四周的情况，如果周围有可疑人物，暂时离开。在输入密码时，一手遮掩，一手按键，不要被别人看到。

48. 取款后，路上一定要万分小心。若取款金额较大，最好有朋友陪同。如果遇到抢劫，交出金钱，保全性命。

49. 停车时，尽量将车辆停放在灯光明亮之处。在地下停车场取车时，若发现有可疑人物在车子附近徘徊，要请停车场管理员或者警察陪同前往。

50. 在乘坐出租车时，如果司机本人与登记的照片不符，拒绝搭乘。上车以后记住摇下车窗留点空隙，保持空气流通。

51. 乘坐出租车时，尽量坐在司机的正后方，那是最安全的位置。

52. 上了出租车以后，可将车号、驾驶人资料告诉友人，以防万一。

53. 尽量准备一些零钱，将小面值的零钞与百元整钞分开。

54. 不要轻易让陌生人看见自己的钱包，不要在钱包内存放个人证件。

55. 行车时，一定要将车门反锁。到达目的地后，停车熄火留在车内稍稍观察片刻，确定没有可疑人员后再开车门出来。另外，要将值钱的东西放在外人看不见的地方。

56. 在皮夹内存放一张自己的名片，以便钱包丢失时，拾到者能与你及时联系。

57. 如果遇到危险，趁歹徒不在意，想办法抛弃、毁掉或者折断银行卡，以减少经济损失。

58. 尽量不要携带太多现金，也不要随身携带银行卡。将存款开两个以上的银行账户，分散储蓄，才能更好地保障账户安全。

59. 不要购买华丽的手包，要知道手包越华丽，越容易成为犯罪分子的目标。如果可能，出门尽量不要携带皮包，如不可避免，尽量拿件外套将皮包套住，走路时应靠近马路一边，以防坏人抢掠。